詩經植物之美

高明乾　高　弘——————编著

西安出版社

图书在版编目（CIP）数据

诗经植物之美 / 高明乾，高弘编著 . —西安：
西安出版社，2023.1
ISBN 978-7-5541-6451-8

Ⅰ . ①诗… Ⅱ . ①高… ②高… Ⅲ . ①植物—普及读物
Ⅳ . ① Q94-49

中国版本图书馆 CIP 数据核字 (2022) 第 239333 号

诗经植物之美
SHIJING ZHIWU ZHIMEI
高明乾　高　弘　编著

出 版 人：屈炳耀
策划统筹：李宗保
责任编辑：路　索
印刷统筹：尹　苗
出版发行：西安出版社
社　　址：西安市曲江新区雁南五路 1868 号
影视演艺大厦 11 层
电　　话：（029）85264255
邮政编码：710061
印　　刷：陕西龙山海天艺术印务有限公司
开　　本：889mm × 1194mm　1/32
印　　张：7.75
字　　数：166 千
版　　次：2023 年 1 月第 1 版
印　　次：2023 年 1 月第 1 次印刷
书　　号：ISBN 978-7-5541-6451-8
定　　价：58.00 元

群芳篇
百花齐放春满园

宋·马和之（传）《陈风图》（局部）

推荐语

《诗经》是中国第一部诗歌总集，在中国乃至世界文化史上都占有重要地位。两千多年前的春秋时代，孔子的《论语》中高度评价过《诗经》的价值，子曰：“《诗》，可以兴，可以观，可以群，可以怨；迩之事父，远之事君，多识于草木鸟兽之名。”多识于草木鸟兽之名，即是先民对动植物识别和分类。《诗经》中不少诗歌源自民间生活，描述的植物都是老百姓熟悉的、有用的，可采食、药用或观赏。历代关于《诗经》中草木鸟兽之名的著作不少，对《诗经》中描述的一些植物也存在不同的认识。

高明乾教授具有很好的文学功底，自幼喜爱阅读、绘画和写作，且又具植物学背景。20 世纪 70 年代，受到清代河南信阳固始人氏吴其濬编写《植物名实图考》和近代中国植物学的开拓者钟观光教授事迹的影响，开始进行古籍文献中植物名称的考据研究，在生物学教学、科研和大学学报编辑等工作的闲暇时间，广泛阅读与植物有关的古文献资料，耗时三十载，编写出版了《植物古汉名图考》。该书问世之后，受到学界赞誉，2007 年他应吴征镒院士邀请，参与了《中华大典·生物学典·植物分典》的编写，迄今，已经出版了多部从现代生物分类学的科、属、种的概念去研究《诗经》中记述的动植物的著作，当属这方面工作的权威。

高明乾教授是我就读河南师范大学之老师，今获悉西安出版社将要推出高教授的又一新作《诗经植物之美》，其考证详实、内容丰富、插图精美，令我欣喜，属为一言，不敢以不文辞，是为序。

中国科学院植物研究所研究员

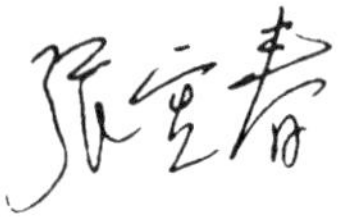

2022 年 8 月 30 日

自序

五千年文化云和月，

三百首诗经草与木。

抱着《诗经》这本我国的第一本诗歌总集百读不厌，我们好像通过时间隧道进入2500年前的《诗经》时代，看到了古代先民的生活环境、社会风貌。其中有对先祖创业的颂歌，祭祀先祖的乐章；也有贵族之间的宴饮交往，劳苦大众的怨愤伸张；更有反映征战、劳动、打猎以及大量恋爱、婚姻、社会习俗方面的动人篇章。

几千年以来，多少朝代的更替、多少山水的变迁、多少农村的瓦解、重建又流逝。但是古今的劳作、爱情、喜悦与愁苦，却穿越了漫长历史的阻隔，成为文学永恒的主题。你能看到《诗经》时代许多的人和物，有官，有民，有健男，有美女，有劳作，有休闲，有爱情，有征战，有山川，有风雪，有植物，有动物，有说，有笑，有爱，有恨。古人的感情是那么厚重，那么真挚，我们看了便能产生共鸣。

美哉《诗经》，也体现在草木之美上。中华文化之亲切，在于一草一木，一虫一鸟，绝非平白而生。诗中的草木鸟兽都蕴含着温情的诗意。了解先民们特有的思维方式，那个时代特有的风俗民情以及蕴涵在其中的文化意味，就是文化的传承。古典诗歌的目光主要是借助事与物，以自然的视觉体味现实生活，诗里的生物往往依托于人的情感而存在，万物皆备于我，彼与我不可分割，融在一体。《诗经》如画，草木如诗，这种基于体验的真实性，这也是一种深刻的艺术再造。古人的感情是那么厚重，那么真挚，我们看了便能产生共鸣。

最美的花草在《诗经》里——“桃之夭夭，灼灼其华”“蒹葭苍苍，白露为霜”“颜如渥丹，其君也哉”“有女同车，颜如舜华”“昔我往矣，杨柳依依”“视尔如荍，贻我握椒”“苕之华,芸其黄矣”“呦呦鹿鸣,食野之苹”“菁菁者莪,在彼中阿”“山有嘉卉，侯栗侯梅”“何彼襛矣，唐棣之华？”“山有扶苏，隰有荷华”“山有乔松，隰有游龙”“陟彼南山，言采其薇”“彼泽之陂，有蒲与荷”等。

文学来源于生活，最古老的民间诗歌中，表达爱情的绝代佳句在《诗经》里。《王风·采葛》：“彼采葛兮，一日不见，如隔三月兮。彼采萧兮，一日不见，如隔三秋兮。彼采艾兮，一日不见，如隔三岁兮。”……这些诗句中离不了植物的身影。

关于读《诗》的教化作用，孔子早已界定其内涵，即“入其国，其教可知也。其为人也温柔敦厚，诗教也”。中国是一个诗文化的国度，具有悠久的诗歌文化传统，对于积淀和传承优秀的民族文化，应该积极学习。“不读诗，无以言”“腹有诗书气自华”。现在的青少年应该接触一些古典文学的熏陶，认知一些动植物。本人是学生物学的，又热爱古典文学，有责任向青少年解读《诗经》。有学者说："六经中唯诗易读，亦唯诗难解。"解读《诗经》的困难尤以诗中的动植物为甚。历史上对《诗经》中的动植物多有注释，仅以名称注名称，况且在今天看来都已成为古名，很难确认是今天的什么动植物。

该书以唯美的文艺风格展现诗经植物之美，以散文笔调通俗地解读《诗经》中的摘句，并介绍其中的草木花卉，沟通古今名称。书中每篇都引出原诗的部分章节，对诗中较为生僻的词汇加以注释。使读者首先读懂《诗经》，了解诗的背景，然后介绍诗中的草木花卉和有关的人文趣事。文中还特设有"植物小档案""植物趣知识"小栏目，对每一种植物都精心考订，指出其所属的科、属，求解名称与物实，力求做到名称的古今沟通，物种准确。作者亲绘线条图，特邀河南师范大学美术学院孟祥炎和朱嘉豪配以彩图，图文对照，名实相符，可信度高。

感谢河南师范大学和生命科学学院的领导给予的长期支持和帮助！感谢同仁许国峰和张鹏飞老师为该书的出版给予的真诚帮助！特别感谢中科院植物研究所张宪春研究员在百忙中为该书审稿并写序！

感谢西安出版社对该选题的重视！特别是李宗保总编辑和路索编辑为了打造精品对原稿进行了认真地修改和润色，还引入了很多相关的古代诗词，可以使读者延伸阅读，使青少年喜闻乐见，爱不释手。感谢他们为该书的出版付出的艰辛劳动！他们对业务精益求精的精神值得赞颂！

高明乾

2022年7月1日于朗天书屋

谷物篇

悠悠万事 吃饭为大

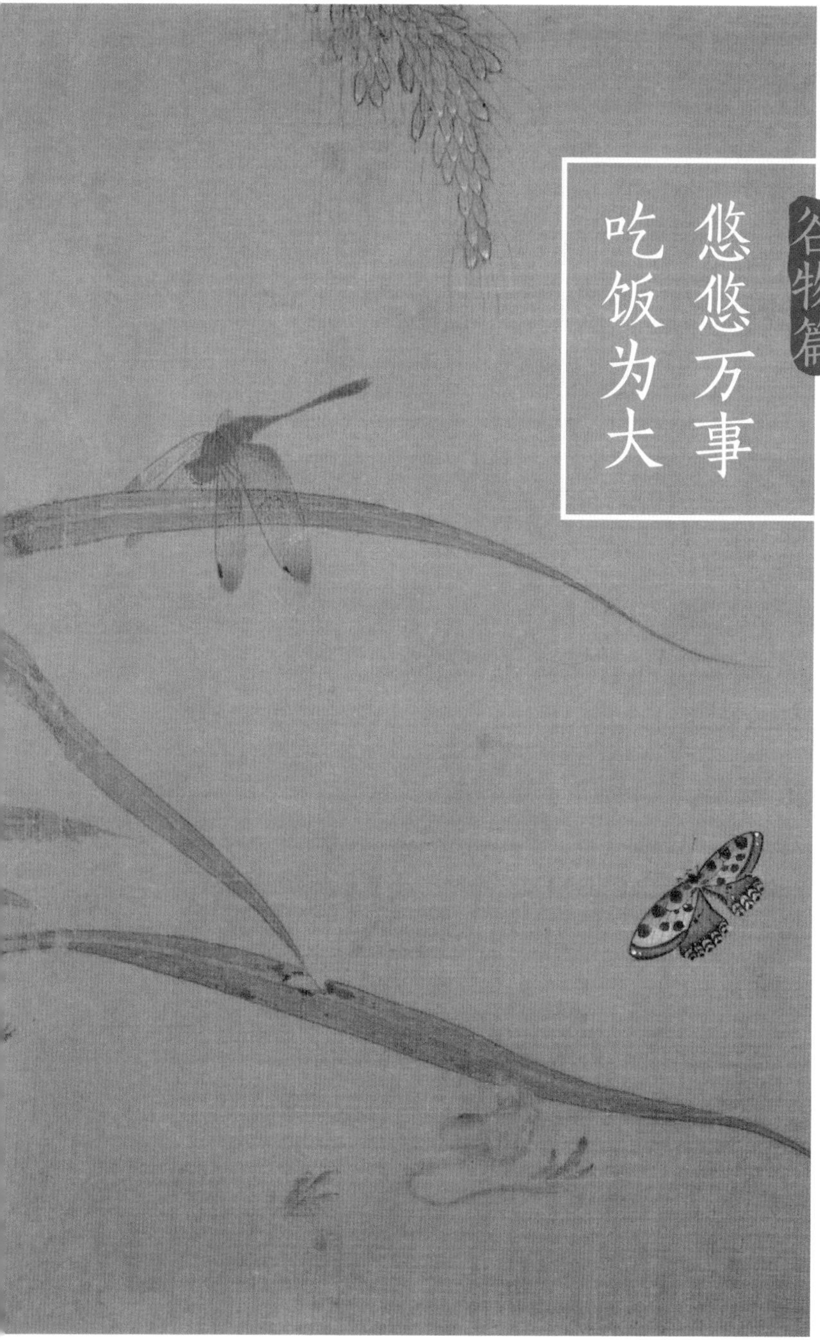

南宋・吴炳嘉《禾草虫图》（局部）

黍与稷

社稷之重，以粮为先

彼黍离离，彼稷之苗。行迈靡靡，中心摇摇。知我者，谓我心忧，不知我者，谓我何求。悠悠苍天！此何人哉？

彼黍离离，彼稷之穗。行迈靡靡，中心如醉。知我者，谓我心忧，不知我者，谓我何求。悠悠苍天！此何人哉？

彼黍离离，彼稷之实。行迈靡靡，中心如噎。知我者，谓我心忧，不知我者，谓我何求。悠悠苍天！此何人哉？

——《王风·黍离》

扫码获取
· 植物照片
· 本诗注解

看那黍子一行行，绿油油，望那稷苗一茬茬，青翠翠。我行走其中，脚步缓慢，内心忧伤。而更忧伤的是，理解我的人啊，知道我心为何忧愁；不理解我的人啊，问我所求何事，自寻烦恼。苍天在上，周室颠覆，何人所为？又何以至此？

《诗经》分风、雅、颂。《风》为民间之乐章；《小雅》为周宗室大夫士阶级之乐章；《大雅》为朝廷之乐章；《颂》为宗庙之乐章。

《诗经·王风》是周天子王畿之诗，有人会问，不是说《风》为民间乐章吗？为什么《王风》明明不是民间内容，却列入了《风》？《王风》不列《雅》，颂而降为《风》，因为此时的周只是周国，不再有周天下。《王风》创作的时代背景是，周平王东迁洛邑，从一个富有天下之义的周朝堕落为一个诸侯国之周的时代，是一个行将变革的时代，孟子曾有精辟的概括："王者之迹熄而《诗》亡，《诗》亡而后《春秋》。"《王风》首篇《黍离》以凭吊宗周废墟的形式，集中体现了这一历史变化。

《王风·黍离》是流传在东周时京都（今河南洛阳）附近的一首诗歌。《诗序》云："《黍离》闵宗周也。周大夫行役至于宗周，过故宗庙宫室，尽为禾黍。闵宗周之颠覆，彷徨不忍离去，而作是诗也。"点明了此篇的主旨，即周平王东迁洛邑后，王室衰微，周大夫路过周朝故地，想起昔日繁华盛景，今朝凋零落魄，彷徨悲愤而作诗。傅斯年先生评《王风·黍离》："行迈之人悲愤作歌。"

此诗中流传最广的一句是"知我者谓我心忧，不知我者谓我何求"。这一句成为《黍离》对后人的永恒发问：知音在何处，能否知我何所求、何所不求？比现世凋零更悲凉的是知音难寻。屈原“举世皆浊我独清，众人皆醉我独醒”的痛苦，令他愤而投江；后世汉乐府《古诗十九首·西北有高楼》云：“不惜歌者苦，但伤知音稀。”同为寻求知音而不得之哀愁。人生有一种孤独是“天下不如意，恒十居七八”，可与人言无二三。当人生遇到难事或者想不通之时，你张张嘴，想要倾诉一二，解释一二，却发现，若不是懂你知你之人，说了只换来旁观者多笑你一声“杞人忧天”，一句“多大点事，至于吗”，或者一句无关痛痒的安慰。这原本就忧愁的内心，因无人相知而更孤寂。

诗中的“彼黍离离”成为重要典故，用以指亡国之痛。周之兴历经后稷、公刘、古公亶父、文王、武王，《大雅·绵》一句“绵绵瓜瓞”道尽其中欣喜和艰辛。“彼黍离离，彼稷之苗。”黍、稷是人类赖以生存的草，稷尤其是周借以兴起之草。周之始祖后稷，其名即来自这种赖以活命的庄稼。庄稼的生长、粮食的收成，始终指示着周之家国天下的命运。

在《王风·黍离》这首诗中提到了两种粮食作物：黍和稷。这两种植物也是《诗经》中“出镜率”最高的粮食作物，其中，“黍”被提到了 19 次，“稷”被提到了 18 次。由此可见，西周至春秋中叶之间五百多年的时间里，黍和稷在人民的生活中成为不可或缺的粮食作物。

《九谷考》：“黍，今之黄米；稷，今之高粱。”（按，稷非高粱，乃今穈子）《毛诗传笺通释》：“稷以春种，黍以夏种。而《诗》言黍离离、稷尚苗者，稷种在黍先，而秀在黍后故也。”以上文献认为，黍和稷为两种作物。

但是，李时珍在《本草纲目》卷23《稷》篇中说："稷与黍，一类二种也。黏者为黍，不黏者为稷。稷可作饭，黍可酿酒。犹稻之有粳与糯也。"现在认为，黍和稷是一个禾本科黍属里面的两个品种而已。现代《中国植物志》也认为稷与黍是一个物种。朱熹在《诗集传》里总结出一种主流意见："稷，亦谷也。一名穄，似黍而小，或曰粟也。"朱熹还加了一句"一名穄"，于是围绕"穄"字纷争再起，有人论证出"穄"其实就是黍——但你总不能说黍是黍，稷也是黍吧？

那么，黍和稷到底是同一种作物或是两种不同的作物？

我们现在认为，黍和稷都是禾本科黍属植物，实际是同种植物，只是它们的穗形和籽实有所不同。黍的主穗轴是弯的，穗的分支向一侧倾斜，秆上有毛，籽实淡黄色，去皮后叫黄米，煮熟后有黏性，黍可以酿酒、做糕等；而稷的主穗轴直立，穗的分支向四周散开，秆上无毛，籽实不带黏性。

下面，详细了解一下黍（稷）这种植物吧。

黍，原产于我国北方，为古老的粮食和酿造作物，列为五谷之一，至今已有三千多年的栽培历史。它是禾本科、黍属的一年生粮食作物，又称粢、糜、秫、穧、黄米、穄、芗合等。黍苗像芦草，成年后的茎秆粗壮，直立，高40～120厘米，单生或少数丛生，有时有分枝，节密被髭毛（植物上的丝状物）。叶片为线形或线状披针形，长10～30厘米，宽5～20厘米。

黍（孟祥炎 绘）

七八月间，黍要开花了。青翠的细线叶子中，一些疏散状圆锥花序冒出头来，长 10 ~ 30 厘米，为黑色，分枝或粗或纤细，具有棱槽。小穗呈现卵状椭圆形，待花穗成熟，沉甸甸的，仿佛这“民以食为天”的责任太重要，使它悄悄垂下了头。

“八月黍成，可为酎酒。”九月间，黍成熟。成熟后因品种不同，而有黄、乳白、褐、红和黑等色。颖果椭圆形，表皮平滑，长约 3 毫米。籽实中富含蛋白质和淀粉。成熟后的黍米分黏性和不黏性两种。

黏性的黍米，不含或含少量的直链淀粉，是中国北方最重要的糯食，人们喜欢使用蒸、煮等方式，加工而食，在北方有种吃食叫“黄糕”，它利用了黍的黏性，碾米磨面。黍米色泽灿黄，越是好的黍米，就越黄，完全跟太阳一个成色。黄黄的黍米是有香气的，温和的、新鲜的黍米香自千年前就令人垂涎。唐代王维《积雨辋川庄作》："积雨空林烟火迟，蒸藜炊黍饷东菑。"黍还可以酿酒。只是如今，人们已经丢失了酿造黍酒的工艺。

不黏的黍米就是稷，民间称糜。稷为禾本科、黍属一年生栽培草本植物，为黍中的粳性品种，直链淀粉含量平均在7.5%，可以做糕点、酿黄酒。花茎可以做笤帚。

《说文解字·禾部》："稷，𪏻也，五谷之长。"段注云："稷长五谷，故田正之官曰稷。《五经正义》：'稷者，五谷之长。谷众多，不可遍敬，故立稷而祭之。'"五谷，一说为稻、黍、稷、麦、菽，一说为麻、黍、稷、麦、菽。其中，稷被古人认为是五谷之首。

周族的祖先叫后稷，是姜嫄踩巨人脚印而生，后来被抛弃，《竹书纪年》记载："汤时大旱七年，煎沙烂石，天下作饥，后稷是始降百谷，烝民乃粒，万邦作乂。"后稷擅长种植各种粮食作物，曾在尧舜时代当农官，教民耕种，被认为是开始种稷和麦的人，经过后世不断流传演化，后稷被尊为五谷之神，受历代帝王与万民祭祀，以祈求五谷丰登。

"社稷"一词也与谷神有关。社是土地神，稷是五谷神，两者是农业社会最重要的根基，是原始先民最重要的原始崇拜物，也是一个农业国家的立国之本、执政之基。因此，社稷也代指国家。《汉书·高帝纪下》记载："又加惠于诸王有功者，使得立社稷。"历代文人士大夫也以咏社稷表达自己寄心国事。比如，杜甫的诗《诸将五首》云："独使至尊忧社稷，诸君何以答升平。”

“郊坰既沾足，黍稷有丰期。”自有农耕历史以来，黍就开始种植。因当时农业技术低下，古人种植其他的作物，成活率很低，而黍生命力较强，成活率高，并且成熟周期短，是可以很早收割的粮食作物，当然得到了古人的重视。其至今仍是我国北方旱作区及盐碱较重灌区的主要粮食作物之一。在我国北方干旱地区分布较广，河北、山西、陕西北部、内蒙古、宁夏、甘肃，及东北北部地区均有栽培。

黍的食用辉煌期在西周至汉，到了汉以后，随着农业技术的成熟和发展，黍的地位逐渐降低，尤其是在小麦培育和加工技术不断成熟的背景下，黍更是逐渐被边缘化。

尽管如此，唐宋仍可见到黍的身形，如唐代孟浩然《过故人庄》诗曰：“故人具鸡黍，邀我至田家。”宋代孔平仲《禾熟》就写道：“百里西风禾黍香，鸣泉落窦谷登场。”但是宋以后，食物变得多样化了起来，北方的小麦、明代引入的番薯、南方的稻米都不断“抢占”人民的餐桌。黍，这种古老的粮食作物最终因产量低，被其他“竞争对手”取代，而退出了中国人的主流餐桌。它的“身影”如今偶尔可见，但也只是偶尔。

看那黍（稷）于无人处，自顾自地出苗，成熟，落了籽，无人问津，好像那忧心忡忡的周大夫叹周朝兴衰起落，哀此心没有知己可诉。家国兴亡，个人悲欢，无迹可寻，无处可说。

植物小档案

稷

Panicum miliaceum

别名：黍、粢、穈、秫、穄、黄米等

科名：禾本科

习性：喜温湿和阳光

状貌：秆粗壮，直立，高 40 ~ 120 厘米，单生或少数丛生，有时有分枝，节密被髭毛。叶片线形或线状披针形，长 10 ~ 30 厘米，宽 5 ~ 20 厘米。疏散状圆锥花序，成熟时下垂，长 10 ~ 30 厘米，分枝粗或纤细，具棱槽，小穗卵状椭圆形，成熟后因品种不同而有黄、乳白、褐、红和黑等色。颖果椭圆形，平滑，长约 3 毫米。

分布：主要在西北、华北、东北地区，南方零星种植。

粟

一粒一饭，皆汗水也

黄鸟黄鸟，无集于榖，无啄我粟。此邦之人，
不我肯榖。言旋言归，复我邦族。
黄鸟黄鸟，无集于桑，无啄我粱。此邦之人，
不可与明。言旋言归，复我诸兄。
黄鸟黄鸟，无集于栩，无啄我黍。此邦之人，
不可与处。言旋言归，复我诸父。

——《小雅·黄鸟》

扫码获取
• 植物照片
• 本诗注解

那小小的黄雀呀，不要落在楮树上，不要偷吃我的谷米。我流落异乡，异乡无我栖身之地，他们不肯留一地一饭善待我呀！还是回去吧，回到自己那虽被剥削压榨，但亲朋故交尚在的亲爱的故乡吧！

《诗经》中“雅”分为大雅、小雅，合称“二雅”。雅，雅乐，即正调，指当时西周都城镐京地区的诗歌乐调。小雅部分今存七十四篇。《小雅·黄雀》全诗三章，讲了一个流民在异乡受欺负，思念家乡，回归家乡的故事。诗中的“黄鸟”就是黄雀，以黄雀比作异乡的剥削阶级，不劳作，却琢食别人辛勤耕种的粮食。这首诗重章叠句，与《硕鼠》一篇异曲同工，“硕鼠硕鼠，无食我谷”与“黄鸟黄鸟，无集于榖，无啄我粟”都在诉说剥削阶级的可恶。“此邦之人，不我肯榖。”点明了作诗者的身份是异乡客，“独在异乡为异客”，不容于异乡，异乡也不肯将他善待。所以，心生归乡之情。天下之大，剥削和贫穷却无处不在，本来是怀着“乌托邦”寻梦的希望，到了才发现痛苦磨难时时相随，还是回家好吧，至少自己的家乡还有亲朋互相扶持。宋代朱熹《诗集传》评此诗：“比也。民适异国，不得其所，故作此诗，托为呼其黄鸟而告之曰：尔无集于榖，而啄我粟。苟此邦之人，不以善道相与，则我亦不久于此而将归矣。”

诗中的“粟”指谷子，植物学上称为“粱”。在北方称为谷子，南方为了区别稻谷，常称为粟谷、狗尾粟，其种子即可食部分，称小米，经典著作中称为粱，古代将禾、粱、粟、谷都视为同一种作物。李时珍《本草纲目》云：“古者以粟为黍、稷、粱、秫之总称，而今之粟，古

粱（孟祥炎 绘）

代呼为粱。后人乃专以粱之细者名粟……北人谓之小米也。”又说：“粱者，良也，谷之良者也。或云种出自粱州，或云粱米性凉，故得粱名，皆各执己见也。粱即粟也。”中国甲骨文称为禾，《中国栽培植物发展史》：“禾，嘉谷也，二月始生，八月而熟，得时土中，故谓之禾。”现在的植物学将粟定为粱的变种。粟与粱的特征相近，仅茎稍矮，刚毛稍短，在古代很难区分。

粱是禾本科、狗尾草属的一年生粮食作物。粱的须根粗大。茎秆粗壮，直立，高 0.1 ~ 1 米，有的还能长得更高。从它是狗尾草属可以得知，打眼一看，它的“长相”和狗尾草有相似之处，叶表皮细胞同狗尾草类型，而且都是一根粗壮的茎上环绕着厚实的穗和毛。《中国植物志》卷 10（1）狗尾草：“谷莠子（《植物名汇》）莠（《诗经》《礼记》）。”古人认为是还没成熟的粟穗落到地上，长出来的苗就是狗尾草了。如《说文》：“莠，禾粟下扬生莠也。”有人认为，谷子是由远古人们将狗尾巴草改良培育而来的，虽无定论，但也说明它们的相似之处。《诗经》多个篇目中也出现了“莠”即狗尾草这种植物，如《齐风·甫田》：“无田甫田，维莠骄骄。”关于狗尾草的具体讲述，在本书后面篇章会涉及。

粟和狗尾草虽然都是禾本科狗尾草属的植物，但是，仔细看，二者却有很大的不同，粱的叶鞘松裹茎秆，边缘密具纤毛，叶片为长披针形，长 10 ~ 45 厘米，宽 5 ~ 33 毫米。

粱在春季开花，花序呈圆柱状或近纺锤状，细密紧致，通常下垂，有黄色、褐色或紫色的刚毛，看起来沉甸甸的。粱将一种养活万千人民的责任裹在自己的叶鞘中，汲取大自然的力量，孕育出一个又一个紧密挨在一起的小穗，这些小穗或为黄色，或为橘红色，或为紫色，种子呈现椭圆形或近圆球形，长 2 ~ 3 毫米。粱性喜温暖，耐旱，适应性强。农谚“只有青山干死竹，未见地里旱死粟”，充分说明了谷子的坚韧，也象征着华夏子民自强不息的优良品行。

粱的谷粒很小，颖壳紧紧包覆住种子，为卵圆形，质坚硬，脱去糠皮称小米。成熟后，自第一外稃（颖壳）基部和颖分离脱落。颖壳不同于糠，颖壳是干燥鳞状薄层的苞片，专门包裹种子的，而糠是种子的种皮。群众认为，糠皮分粗糠和细糠。粗糠指颖壳，细糠指种皮。

这么说有点抽象，但是见过农村打谷的人都能想起这样一幅画面：

北方初秋时节，辛苦的农民收割下的谷子，还把谷穗剪下，经过暴晒、脱粒、碾米的过程才能得到小米。原始的办法是把谷穗绑成小捆，挥舞双臂使劲往板凳上击打，使谷粒脱落。后来把谷穗均匀铺撒在打谷场，然后再由牛马牵引石碌子转圈碾场。现在改用打谷机完成脱粒，提高了效率。从谷子到小米，有个脱壳的过程，传统的办法是使用碓臼来舂米。碓臼也叫擞捶窑，舂一两遍，再用簸箕去糠，得到小米。后来改为用牲畜拉着石碾来碾米，用风车去糠。现在发展成用机器碾米去糠。过去脱掉的糠可以用来喂牲口。如今生活变好了，人们也不用糠喂牲口了。在饥荒年代，经常出现一个词“吃糠咽菜”，缺少粮食的情况下，人们经常吃米糠以饱腹，入口吞咽的时候还会划嗓子，但是，那个年代，实属无奈之举。

了解了小米是如何从土地到餐桌的过程，便能感受到"锄禾日当午，汗滴禾下土。谁知盘中餐，粒粒皆辛苦。"这首诗所包含的对劳动的赞美和热情，对劳动人民的深切同情，对珍惜粮食的劝诫之意。

粱原产于我国，相传神农在山西上党一带的百谷山上遍尝百草，选出谷子，并教会人们播种，使其部落摆脱了渔猎和采集为生的动荡生活。自神农尝百草至今，谷子已经陪伴着中华民族走过了五千年的文明旅程。我国发现的最早的谷粒化石距今约5万年，可见我国种植谷子历史之悠久。谷子早在六七千年前的新石器时期在黄河流域一带就已经大量种植。在新石器时代的西安半坡、河北磁山、河南裴李岗出土的大量炭化谷子、粟粒，都得以证实殷商时期粟已经成为人们的主食。故而《诗经》中多次出现"粟"这种粮食作物。

无论是唐诗还是唐传奇，粱在文学作品中频繁出现，说明其在唐代也是主要的粮食作物。唐代李绅的《悯农》诗："春种一粒粟，秋收万颗子。四海无闲田，农夫犹饿死。"

唐代沈既济的传奇《枕中记》讲述了一个"黄粱一梦"的故事。旅客少年卢生在邯郸客店遇道士吕翁，自叹穷困。吕翁取青瓷枕让卢生睡觉，说："这个枕头可以让你实现梦想。"卢生半信半疑地照做了。这时店主正在煮小米饭。一觉醒来，店家的小米饭还没熟，而他已在梦中享尽荣华富贵，因此感悟出人间荣辱和生死不过过眼云烟的道理。后人用"黄粱一梦"比喻不可实现的欲望。

如今谷子是我国北方的主要粮食作物之一，我国华北为主要产区。

小米的营养价值颇高。小米中每100克含有碳水化合物75克、脂肪3克、蛋白质9克、膳食纤维1.6克，并含有一定维生素和矿物质。小米中还含有足量维生素B1、维生素B12，对消化不良及口角生疮有一定好处，同时小米还具有反胃酸呕吐作用，食用小米可以使产妇体质得到调养、迅速恢复体力。小米中含有丰富的无机盐、胡萝卜素、铁元素、钙元素；小米入药有清热、清渴，滋阴，治水泻等功效。

异乡人情冷，不如早还家。赶不走那琢食小米的无情黄雀，推不翻那冷酷无情的剥削阶级，可怜的异乡客只能踏上归途，寻一处安身。

植物小档案

粱

Setaria italica

别名：芗萁、黄粱、白粱、青粱、禾、谷、粟等

科名：禾本科

习性：耐旱，喜阳

状貌：须根粗大。秆粗壮，直立，高0.1～1米或更高。叶鞘松裹茎秆，边缘密具纤毛，叶片长披针形，长10～45厘米，宽5～33毫米。圆锥花序通常下垂，有刚毛，黄色、褐色或紫色，小穗椭圆形或近圆球形，长2～3毫米，黄色、橘红色或紫色。谷粒很小，卵圆形，质坚硬，脱去糠皮称小米。

分布：从黄河流域辐射到华北、东北、内蒙古等地。

菽

古老的东方大豆

六月食郁及薁（yù），七月亨葵及菽（shū）。
八月剥（pū）枣，十月获稻。
为此春酒，以介眉寿。
七月食瓜，八月断壶，九月叔苴（jū）。
采荼薪樗（chū），食我农夫。

——《豳（bīn）风·七月》节选

扫码获取
·植物照片
·本诗注解

农历六月吃郁李和野葡萄，七月烹煮冬葵和大豆，八月开始打红枣，十月下田收谷稻。稻米酿成春酒又美又香甜，为主人祈求福寿绵长。七月田里可吃瓜，八月断壶做成瓢，九月收拾秋麻子。采摘苦苣菜，砍臭椿树用来当柴火烧，农夫有吃的，生活过得好。

随着这首朗朗上口的“农人劳作歌”，一幅周人栩栩如生的生活长卷图景跃然纸上。诗中的“郁”指郁李，“薁”指野葡萄，“菽”指大豆，“荼”指苦苣菜，“樗”指臭椿树，“剥”意为扑打，“介”意为祈求，“眉寿”意为长寿；“断壶”指摘葫芦，“叔苴”意为收拾麻子。

《豳风·七月》是《诗经·国风》中最长的一首诗。《诗经》艺术手法有三：赋、比、兴。这首诗就是用赋的手法，铺陈其事，随物赋形，叙述周朝农人（一说，奴隶）全年劳动的歌。豳地在今陕西旬邑、彬州一带。《汉书·地理志》云：“昔后稷封嫠（lí），公刘处豳，太王徙岐，文王作酆，武王治镐，其民有先王遗风，好稼穑，务本业，故豳诗言农桑衣食之本甚备。”据此，此篇当作于西周初期，即公刘处豳时期。公刘时代，周之先民还是一个农业部落。《七月》反映了这个部落一年四季的劳动生活，全诗八章，每章各十一句，从农历七月写起，按季节和农事活动的顺序，逐月展开各个画面：春耕、秋收、冬藏、采桑、染绩、缝衣、狩猎、建房、酿酒、劳役、宴飨，祭祖，无所不写，展示了当时农耕社会的方方面面，写周朝男女（奴隶）的劳动和生活。其更像一首农历诗，一曲四季调或十二月歌。关于《七月》的主旨，傅斯年在《诗经讲义稿》中说：“封建制下农民之岁歌。”由于它所叙述的内容反映了当时奴隶们一年到头的繁重劳动和无衣无食的悲惨境遇，所以通常认为这是一首反剥削反压迫的诗篇。

《七月》这首诗中涉及大量植物，本篇只讲其中的一种粮食作物——“菽”。菽即大豆。

大豆起源于中国，古代书籍记述菽、大豆多矣。在我国新石器时代遗址中发现过大豆的残留印痕。北京自然博物馆曾展出山西侯马出土的 2300 多年前的 10 粒古代大豆。1953 年在洛阳烧沟汉墓中，发掘出的距今 2000 年前的陶仓，上面用朱砂写有“大豆万石”四字，同时出土的陶壶上有“国豆一钟”四字。

那么，大豆具体长什么样呢？

大豆（朱嘉豪 绘）

《植物名实图考》卷大豆篇中说："大豆，《本经》中品，叶曰藿，茎曰萁，有黄、白、黑、褐、青斑数种。其嫩荚有毛，花亦有红、白数色，豆皆视其色以供用。雩娄农曰：古语称菽，汉以后方呼豆，五谷中功兼羹饭者也。"

在汉代之前一直将菽指大豆，汉代之后才称为豆，泛指所有豆类。这里，单了解汉代之前被称为大豆的菽。

大豆是豆科、大豆属的一年生草本植物。高 60 ~ 90 厘米。茎在古代被称为"萁"，粗壮，茎上有棱，并且密密地覆盖着褐色的又长又硬的毛。再看大豆的叶子是 3 个小叶一起长在一个叶柄上，并且有托叶，叶柄长 2 ~ 20 厘米，叶片为纸质，即像纸一样的质地，柔韧而较薄，呈现宽卵形，叶片顶端生长的一枚较大，长 5 ~ 12 厘米，宽 2.5 ~ 8 厘米，先端渐尖或接近圆形，叶片靠近茎的基部为宽楔形或圆形，侧生小叶较小，为斜卵形。

大豆在夏季 6 ~ 7 月间开花，为总状花序，开在茎与叶之间，花萼为钟形，有 5 齿，开出的花长 4.5 ~ 8 毫米，像紫色、白色或淡紫色的小蝴蝶。花开时节，闯入大豆的世界，稍不注意，还以为那花是刚刚蜕变而出的蝴蝶，停在绿色长毛的茎上休息，探头探脑的花骨朵初次观察着这个世界的阳光、雨露，想吮吸茁壮成长的能量。

或许你对长在土地里的大豆茎叶不熟悉，但成熟结果的大豆，在日常生活中无处不见。大豆的荚果肥大，稍弯，为黄绿色，长 4 ~ 7.5 厘米，密被褐黄色长毛。剥开豆荚，便露出了 2 ~ 5 颗种子，种子为椭圆形、近球形，也是黄色或者黄绿色。大豆营养价值很高，在百种天然的食品中，它名列榜首。大豆富含蛋白质、碳水化合物及脂肪，其蛋白质含量约为35% ~ 40%，碳水化合物含量为25% ~ 30%，脂肪含量为15% ~ 20%。大豆是含蛋白质最多的植物性食品，也可补充人体需要的氨基酸、多种微量元素、维生素等。

《诗经·小雅·小宛》有：“中原有菽，庶民采之。”公元前5世纪的《墨子》载：“耕家树艺，聚菽粟。是以菽粟多而民足乎食。”因其容易种植培育，且营养价值很高，人们将豆荚摘下，剥下种子，加工成粮食，端上餐桌，一顿饱腹。

先秦时大豆就作为一般百姓的粮食，称为“豆饭”；有时也以大豆叶作蔬菜，称作“藿羹”。当时还用大豆制成盐豉，通都大邑已有经营千石以上豆豉的商人，表明消费已较普遍。另外也有将大豆用作饲料的。

唐代元稹《竹部》：“归来不买食，父子分半菽。”唐代杜甫《暮秋枉裴道州手札，率尔遣兴，寄近呈苏涣侍御》：“鸟雀苦肥秋粟菽，蛟龙欲蛰寒沙水。”唐代白居易《喜雨》：“圃旱忧葵堇，农旱忧禾菽。”都是在说，大豆作为粮食，被人们享用。

在历史上，不但只有大豆本身可以直接食用，会吃的古人还想出了各种吃大豆的方法。最主要的是将大豆加工成调料，用以佐味，比如，做成豉、酱、酱油，或者做成豆腐等。战国时开始将大豆加工成副食品。有史料记载，公元164年，汉高祖刘邦之孙，即淮南王刘安发明了豆腐。相传刘安在安徽省寿县与淮南交界处的八公山上烧药炼丹时，偶然以石膏点豆汁，从而发明豆腐。到宋代豆腐才成为百姓重要的食品，吴自牧的《梦粱录》记载京城临安（今江苏杭州）的酒铺煎豆腐和卖豆腐的事："更有酒店兼卖血脏、豆腐羹、螺蛳、煎豆腐、蛤蜊肉之属，乃小辈去处。"豆腐的营养价值很高，主要成分是蛋白质和异黄酮。豆腐具有益气、补虚、降低血铅浓度、保护肝脏、促使机体代谢的功效，幼儿常吃豆腐有利于智力发育，老人常吃豆腐，对血管硬化、骨质疏松等症有良好的食疗作用。

刘义庆的《世说新语》中有首著名的《七步诗》，讲的是三国时期的一个传说。魏黄初元年（220），曹操病死，汉献帝被迫禅让帝位，曹操的大儿子曹丕上位称帝，为魏文帝。历史传说曹丕称帝后，对颇有才华的同母胞弟曹植，心生忌惮，害怕其威胁自己的皇位，就想要除掉曹植。据《世说新语·文学》记载："文帝（曹丕）尝令东阿王（曹植）七步中作诗，不成者行大法（杀），应声便为诗……帝深有惭色。"他召曹植于殿前，令其七步之内要做出一首诗，如果作不出，就要杀掉曹植。曹植明白这是兄长想要杀他找的借口，心中极度悲愤，殿前踱步，七步之内，应声而作：

"煮豆燃豆萁，豆在釜中泣。本是同根生，相煎何太急？"

这首诗有四个版本，本书择其一。无论是哪个版本，诗中都提到了"豆"和"豆萁"。"豆萁"就是大豆茎。大豆和豆萁都是从大豆根苗中生长出来的，如今却要烧掉豆萁以用来煮熟豆子，曹植以"豆"和"豆萁"作比自己和曹丕，本是亲兄弟，却为何苦苦相逼，手足相残？设喻形象生动,诘问寓意直白震撼,后世常以此诗后两句,劝诫兄弟勿要阋墙、自相残杀。

这首诗背后的故事是否真实存在?在《三国志》等史料上并未记载,但曹植确有其人。他因富于才学,早年曾受曹操宠爱,曹操一度欲立其为太子。及曹丕、曹叡为帝,曹植备受猜忌,郁郁而死。他作为三国时期建安文学的代表,与其父曹操、其兄曹丕并列“建安三子”,他的诗歌善用比兴,辞采华茂,比较全面地代表了建安文学的成就和特色,对五言诗的发展有着重要的影响。著名的《洛神赋》就是出自他手。“翩若惊鸿,宛若游龙”之句,至今仍口口相传。其文学修养和文学造诣名载史册。

四季轮转,劳作不息。大豆出苗再成熟,这是周朝最底层的劳动人民的汗水和功劳,却装不满他们的饭碗。“无衣无褐,何以卒岁。”他们登上高堂,齐声祝贺主人万寿无疆,却不知自己几时劳累丧命。一首《七月》,讽这不公世道。

植物趣知识

椿也分香和臭

本诗中的“樗”即今之臭椿，由于材质不好，采做柴烧。《植物名实图考长编》卷21《椿樗》篇中说：“《说文解字注》：‘樗，樗木也。名本樗与樗二篆互讹，今正……’《豳风》《小雅》《毛传》皆曰：‘樗，恶木也。’唯其恶木，故《豳风》人只以为薪，《小雅》以佃恶菜，今之臭椿树是也。”

既然有臭椿，是不是还有香椿呢？当然有。

有人分不清香椿和臭椿。虽然两者外形极为相似，但是它们属不同科植物，香椿属于楝科，臭椿属于苦木科。

怎么区分呢？先来数叶片吧！臭椿为奇数羽状复叶，香椿一般为偶数（稀为奇数）羽状复叶；再来闻一闻叶子的味道，植物如其名，臭椿之所以叫“臭椿”，因为叶子有异臭，相反，香椿叶子有较浓的香味；再凑近看看树皮，臭椿树干表面较光滑，没有裂纹，香椿树干则常呈条块状剥落；它们的果实也不同，臭椿果实为翅果，像虎目，香椿果实为蒴果，开裂后像铃铛。

植物小档案

大豆

Glycine max

别名：赤、戎菽、毛豆、荏菽等

科名：豆科

习性：喜温湿向阳

状貌：高60～90厘米。茎粗壮，具棱，密被褐色长硬毛。常具3小叶，有托叶，叶柄长2～20厘米，叶片纸质，宽卵形，顶生一枚较大，长5～12厘米，宽2.5～8厘米，先端渐尖或近圆形，基部宽楔形或圆形，侧生小叶较小，斜卵形。总状花序腋生，萼钟形，5齿，蝶状花，紫色、白色或淡紫色，长4.5～8毫米。荚果肥大，稍弯，黄绿色，长4～7.5厘米，密被褐黄色长毛。种子2～5颗，椭圆形、近球形。

分布：主要在北方地区，黑龙江和山东是我国大豆最大的产区。淮河流域、长江流域和广东、广西等地也有种植。

稻
仓廪实而知礼节

丰年多黍多稌，亦有高廪，万亿及秭。
为酒为醴，烝（zhēng）畀（bì）祖妣。
以洽百礼，降福孔皆。

——《周颂·丰年》

扫码获取
· 植物照片
· 本诗注解

许许多多的小米、稻谷等粮食，贮藏、填满了高大的仓廪。这些坐落在地平线上的一座座高大粮仓里，全都是数以万计的新鲜稻粮。取出一些来，酿成美酒，献给祖先，让他们也尝一尝这美酒佳酿，共享丰收的喜悦，同时，配合祭祀之礼。以丰年为由，祭天地先祖，感谢天地先祖赐予好年景，祈祝丰收延年。

《诗经》中“颂”分为周颂、鲁颂和商颂。“颂之训为容，其诗为舞诗。”颂是祭祀宗庙的乐歌，不仅配乐，而且还有舞蹈。周颂今存三十一篇。

《周颂·丰年》讲的是周人庆祝祭祀丰收好年景的场面。宋代朱熹《诗集传》评此诗：“赋也。此秋冬报赛田事之乐歌，盖祀田祖先农方社之属也。言其收入之多，至于可以供祭祀，备百礼，而神降之福将甚遍也。”西周时代是农业社会，农业依赖于自然，靠的是人力，随着农业生产成为社会经济的主体，原始初民对自然神的崇拜逐渐转为人化神的崇拜，人们靠辛勤地耕耘播种，取得丰收，但认为丰收是上天的恩赐和祖先的赐福。丰年不是年年都有的，甚至是千载难逢的，因此一旦迎上好年景，人们便举行祭祀之礼。“降福孔皆”既是对神灵、祖先已赐恩泽的赞颂，感谢上苍和祖先赐予风调雨顺，也是对神灵和祖先进一步赐福的祈求，祈祷岁岁皆丰年。

诗中“烝畀祖妣”，“烝”意为众多，指烝民。《毛诗序》云：“《丰年》，秋冬报也。”报，据郑玄的笺释，就是尝（秋祭）和烝（冬祭）。丰收在秋天，秋后至冬天举行一系列的庆祝活动（“以洽百礼”），称

水稻（朱嘉豪 绘）

秋祭。古代在冬天的祭祀，故有“冬祭曰烝”。畀，意为给予、献给。《诗经·小雅·巷伯》取类似的意思：“取彼谮（zèn）人，投畀豺虎，豺虎不食，投畀有北。有北不受，投畀有昊！”意为把谮人（诬陷别人的人）投掷给豺虎。豺虎不肯吃，都嫌弃他，把这种人丢到北方不毛之地，献给老天去发落，以期保佑天下百姓。

诗中的“稌”即稻。《植物名实图考》卷2《稻》篇中说：“《尔雅》：稌，稻。”在《唐风·鸨羽》有“王事靡盬（mí gǔ），不能蓺（yì）稻粱”之句。在《豳风·七月》中有“八月剥枣，十月获稻”之句。《小雅·白华》有“滮（biāo）池北流，浸彼稻田”之句。《鲁颂·閟宫》中有“有稷有黍，有稻有秬（jù）”的记载。《诗经》其他各篇中的“稻”与《周颂·丰年》中的“稌”为一物，是稻的不同叫法。

稻是禾本科、稻属的一年生粮食作物。稻一般为水生，秆直立，高 30 ~ 100 厘米，叶鞘松松地包裹住茎秆，在叶片与叶鞘交界处内侧的膜状突起叫叶舌，禾本科植物几乎都有叶舌，为披针形；叶片为披针形线，长 40 厘米左右，宽约 1 厘米，无毛，用手摸上去，有粗糙感。

稻的开花抽穗时间与品种有关。早稻一般在 6 月上旬至 7 月上旬，中稻一般在 9 月上旬左右，晚稻一般在 10 月中旬左右。穗顶露出剑叶枕 1 厘米即为抽穗，稻的花为圆锥花序，由穗轴、一次枝梗、二次枝梗、小穗梗和小穗组成。穗轴上一般有 8 ~ 15 个穗轴节，每个穗节上着生一个枝梗，每个枝梗上着生若干个小穗梗，在小穗梗末端出一个小穗。小穗矩圆形，含 3 个小花，花穗疏展，长约 30 厘米，分枝比较多，颖果长约 5 毫米，宽约 2 毫米。米粒为白色。

《中国植物志》载稻有两个亚种，即籼稻和粳稻。两个亚种下面栽培的品种很多。稻谷是我国主要粮食作物之一，为古代五谷之一，广为栽培。罗愿《尔雅翼》记载：“稻，米粒如霜，性尤宜水。”因性喜温湿，所以南方气候湿润，水田较多，为中国主要产稻区，此外，华东、华中、华南和西南地区种植也较多，华北、东北少量分布。

稻的栽培历史久远，中国是世界上水稻栽培的起源国，河姆渡原始稻作农业的发现纠正了中国栽培的粳稻从印度传入、籼稻从日本传入的传统说法。1973年在浙江余姚县河姆渡村新石器时代遗址中发现距今6700年的遗存稻谷，根据1993年中美联合考古队在道县玉蟾岩发现古栽培稻，距今已有14000～18000年的历史，河南省渑池县仰韶文化遗址中的陶片上有稻谷痕迹，洛阳市市郊古墓中有粳稻谷粒。中国的有些古稻甚至被科学家拿来重新种植，并加入杂交稻的品种当中。

在我国甲骨文中有稻、糠、秔等不同稻谷的原体字。甲骨卜辞中有“年”多条，意为稻谷丰收。我们可以观察一下稻的古字，其古字形上部是“米”；下部像装稻米的筐形容器。后来变成形声结构，《说文解字》中收录了“稻”这个字，解释为：“稌也。从禾，舀声。”《周礼》中有“稻人”一职，是专管植稻的官吏。古代没有脱壳农具时，把稻谷放在臼里用碓（duì）舂成白米，才可食用。

“稻”不仅是粮食作物，也作为文学中不可或缺的物象，自《诗经》开始，频繁出现在历代诸多作品中，也说明稻与中国古代人的生活息息相关，是饭桌上不可或缺的主食。唐代杜甫写有《刈稻了咏怀》诗：“稻穫空云水，川平对石门。寒风疏落木，旭日散鸡豚。”南宋辛弃疾《西江月·夜行黄沙道中》有：“稻花香里说丰年，听取蛙声一片。”清代曹雪芹在《红楼梦》中借林黛玉之手写的《杏帘在望》一诗有“一畦春韭绿，十里稻花香”之句形容大观园的美景。

与稻有关的成语也有许多。比如，唐代王晙著《请移突厥降人于南中安置疏》云：“孃以缯帛之利；示以麋鹿之饶；说其鱼米之乡；陈其畜牧之地。”后“鱼米之乡”指盛产鱼和稻米的富饶地方，如今代指中国长江中下游平原地区。我们生活中常说的“柴米油盐”的典故出自元代兰楚芳的曲《粉蝶儿·恩情》：“学些柴米油盐价，恁时节闷减愁消受用杀。”这个成语指一日三餐的生活必需品,后泛指必需的生活资料;还有“米烂陈仓”等成语。

目前中国仍然是世界上最大的稻米生产国，占全世界35%的产量。提到水稻，我们不会忘记袁隆平院士（1930年9月7日— 2021年5月22日）。1973年，他成功地用科学方法生产出世界上首例的杂交水稻。此后他的吨粮计划,为我国乃至世界稻米增产做出了划时代的巨大贡献。他因此被称为“杂交水稻之父”。

2016年以来媒体不断报道，袁隆平团队试种的海水稻种植成功!海水稻是指耐盐碱水稻，它是指可以在含盐度3‰以上的土壤或者水体中正常生长的水稻，一般可生长在沿海滩涂以及内陆盐碱地中。其植株在海边可以长到1.8 ~ 2.3米，在盐碱地中也可以高达1.4 ~ 1.5米。成熟后稻穗长22 ~ 23厘米。脱粒后的稻米呈胭脂红色。海水稻大米和普通大米口感没有太大区别，海水稻大米饭不仅不咸反而很香甜，只是不同的选育结果会使得海水稻大米具有特殊香气、香甜口感等特征，并且它的硒含量比普通大米高出7.2倍，是天然的绿色有机食品，矿物质含量比普通大米要高。海水稻种植成功的意义重大，全世界有9.5公顷的盐碱地，亚洲有3.2公顷，我国有15亿亩的盐碱地，其中2.8亿亩可以种植海水稻，解决吃粮问题意义非凡。

“民以食为天。”老子向往的理想社会是“邻国相望,鸡狗之声相闻,民各甘其食，美其服，安其俗，乐其业，至老死不相往来”。这与马克思所提出的共产主义社会有异曲同工之处，而实现这一切要建立在粮食充足，丰年绵延的物质基础上，吃饱了饭，才有精力发展经济、文化、政治等各项社会活动，才能达到管子所说“仓廪实而知礼节，衣食足而知荣辱”的精神高度。

如今，我国稻米连年丰产，百姓再也没有了“饿肚子”的烦恼和担忧，但同时日益暴露出来的粮食浪费问题，也令人不能忽视。辛勤耕耘收获的丰年稻米，不应是餐桌一瞬，旋即成为厨余垃圾，以习近平总书记为领导的党中央，倡导节约粮食的“光盘行动”，每个人都应积极响应。

千年之前，人们庆祝丰年，共享稻米满粮仓的喜悦，憧憬美好生活。千年之后，人们终于过上了丰年有余的日子，信心满怀地奔赴新的美好。

植物小档案

稻

Oryza sativa

别名：粳、稌、粳稻、糯稻、籼稻等

科名：禾本科

习性：喜水向阳

状貌：秆直立，高 30 ~ 100 厘米，叶舌膜质，披针形，叶片线状披针形，长 40 厘米左右，宽约 1 厘米，无毛，粗糙。圆锥花序大型疏展，长约 30 厘米，分枝多，小穗矩圆形，含 3 小花。颖果长约 5 毫米，宽约 2 毫米。

分布：以秦岭、淮河为界，分为南方和北方两个稻区，南方稻区占全国 90% 以上的面积。其中湖南、湖北、江西是水稻种植最广泛的地区。

麦

粗茶布衣，唯人间值得

思文后稷，克配彼天。立我烝民，莫匪尔极。贻我来牟，帝命率育。无此疆尔界，陈常于时夏。

——《周颂·思文》

扫码获取
· 植物照片
· 本诗注解

后稷啊，你的功德可比上天！养育众民，泽披万民。你把麦种赐予我们，天命用它来供养。种麦之术不分个人和疆域，养育周人，利在中国。

诗中的“贻”意为遗留；“陈”意为遍布；常指种植农作物常用的方法；“时”意为此；“夏”指中国。

《诗经·周颂》是西周早期的作品，周朝正值国运蒸蒸日上，周民对周代先王的颂扬尤为热烈。《周颂·思文》是周民祭祀后稷的乐歌。《毛诗序》曰：“《思文》，后稷配天也。”后稷，在“黍与稷”篇中讲过，为周人的始祖，因其发明耕种之法而被后世尊为“农神”。“后稷配天”是说祭天要以先王配享，这也体现了自商开始的“天命神权，敬德保民”的朴素思想，人间（帝）王的统治权为上天赐予，被视为天子，天子德行高尚，可保万民，开太平。《孝经·圣治章第九》记载：“昔者周公郊祀后稷以配天。”上古时，周公在郊外祭祀周朝始祖后稷，让其与上天相配一同被祭祀。

这首诗一章八句，用极简练又充满崇敬的语言，以“思”之语气开篇，以“文”字领起全篇，反映周公的所思成文，定调“功德比上天”，极言以后稷为始祖，以周朝历代先王为延续的丰功伟绩，先王们强国、灭商、平乱，功勋卓著，养育了亿万生民。诗意层层深入，“立我烝民，莫匪尔极”是说养育万民，是往昔之功；“贻我来牟，帝命率育”是说教会万民种麦以食，是当下之功；“无此疆尔界，陈常于时夏”是说不分个人与疆域，以周朝“溥天之下，莫非王土”的大一统思想，利在中国，功在千秋。从过去时、现在时、将来时，三个时间维度，颂其功德，立威立德，崇敬之情溢于言表。

诗中的“来牟”亦作“来麰（móu）”，或许大家会被名字所迷惑。其实这个词是古代对小麦和大麦的称呼，也是古时谷物的统称。“来”指小麦；“牟”指大麦。古代也有方言，各地的叫法不同，有的地方叫“来”，有的地方叫“麦”。《鄘风·桑中》中有“爰采麦矣”之句。

实际上，小麦最早的称呼叫“来”，繁体字为“來”。“來”似麦穗，后来又在來字下面加夕，像是麦的根，这才出现繁体字“麥”。李时珍引许氏《说文》云：“天降瑞麦一来二麰，象芒刺之形，天所来也。如

小麦（朱嘉豪 绘）

足行来，故麦字从来从夂。夂音绥，足行也。《诗》云：‘贻我来牟。’是矣。”又云：“來象其实，夂象其根。”说明“来”字出自象形文字。李时珍还说：“牟麦，麦之苗、粒皆大于来，故得大名，牟亦大也。通作麰。”

麦，在《诗经》中属于被提到最多的六种植物之一。如《鄘风·载驰》《王风·丘中有麻》《魏风·硕鼠》《豳风·七月》《大雅·生民》《周颂·臣工》《鲁颂·閟宫》等篇中都提到“麦”，说明西周时黄河中下游已经普遍种植麦了。

小麦是禾本科、小麦属植物。秆直立，丛生，杆有 6 ~ 7 节，高 60 ~ 100 厘米，直径 5 ~ 7 毫米。与其他禾本科植物一样，小麦的叶鞘松弛地包裹在茎上，下部者长于上部，短于节间；叶舌呈现膜质，长约 1 毫米；叶片为长披针形。上文讲的黄米、高粱、小米和稻米抽穗后，都是“头”低垂，小麦却是抽穗后，穗状花序直立，长 5 ~ 10 厘米（芒除外），宽 1 ~ 1.5 厘米；小穗含 3 ~ 9 小花，外稃呈现长圆状披针形，长 8 ~ 10 毫米，顶端有芒或无芒；内稃与外稃几乎等长。

将麦穗直立的小麦好似在隔空向其他粮食作物宣扬它的与众不同。沉甸甸的果实压不垮它的茎秆，它们的灵魂向着天空而生，它们成片地抽出金黄色的麦穗，在夏日炎炎中，锋芒毕露。麦芒刺痛了太阳的眼睛，扎伤了农人的双手，却也带来了温饱的希望。那双割麦的手长出厚厚的茧子，是与麦子共生的喜悦与忧愁。

麦的果实为卵圆形，长 6 ~ 8 毫米，果实粉末白色，有黄棕色果皮小片。果实含有丰富的淀粉粒。

小麦为长日照作物（每天 8～12 小时光照）。如果日照条件不足，就不能通过光照阶段，抽穗结实。春小麦于六七月间成熟。北方民间有“芒假”之习俗，每到要收割麦子的芒种时节前后，农村的学校便会给中小学生放假，回家帮忙收割麦子。唐代白居易《观刈麦》诗也点出了春小麦成熟的时节和成熟抽穗呈现的颜色：“田家少闲月，五月人倍忙。夜来南风起，小麦覆陇黄。”

宋代范成大《缫丝行》一诗提到了“小麦”和“大麦”：“小麦青青大麦黄，原头日出天色凉。”那么，同为禾本科的这两种植物有什么区别呢？

小麦和大麦形态的区别主要体现在四个方面。一是茎秆不同，小麦的茎秆直立，中空，叶子为披针形，叶舌呈现膜质，而大麦的茎秆比小麦粗壮，两侧都有披针形的叶耳。二是花穗不同，小麦的穗状花序长 5～10 厘米，大麦的花序会短一些。三是从麦芒来区分，大麦的芒很长，和麦穗的长度差不多，小麦的芒相对来说要短。四是麦粒外形上，小麦两头较圆、较短、较圆润，手感光滑，而大麦两头尖，大麦粒的颖壳很难剥下来，手感粗糙。

若你有很长的假期可以待在田野里观察，就可以发现它们的生长时间也不同，大麦的生长时间算谷类作物中比较短的，先于小麦成熟收割。宋代张孝祥有诗《大麦行》：“大麦半枯自浮沉，小麦刺水铺绿针。”这首诗写老农盼望着麦子成熟，出门看见茫茫大水淹没了庄稼，大麦半枯即将成熟，却被泡在水中自沉自浮，小麦穗刚刚刺出水面，露出一片绿色的麦芒。不禁悲由心生，放声痛哭。从中可以看到这两种植物成熟的时间不同：大麦即将成熟的时候，小麦穗才刚刚发出绿色的麦芒。

在农民收割麦子的时候，也可以细心观察一下，成熟后的大麦，蜕壳并不如小麦那样容易。小麦壳在脱粒时已经掉了，而大麦壳则比较“结实”，很难脱掉。

大麦和小麦收割加工之后，因二者果实含量特质不同，对人类来说，用途也各有不同。大麦含谷蛋白（一种有弹性的蛋白质）量少，所以只能做不发酵的食物，在北非及亚洲部分地区喜欢用大麦粉做麦片粥。一般情况下，大麦作啤酒的原料或作饲料，少数用作食粮，而小麦富含淀粉、蛋白质、脂肪、矿物质、钙、铁、硫胺素、核黄素、烟酸及维生素 A 等，主要加工面粉，成为北方人民的主食之一。《本草拾遗》中提到：“小麦面，补虚，实人肤体，厚肠胃，强气力。”小麦营养价值很高，所含的 B 族维生素和矿物质对人体健康很有益处。由于功效、生长周期的不同，小麦做不了茶饮，即使做出来口感也不好。

从栽培史上了解，大麦出现在我国中原地区的时间是公元前 900 年后，而小麦出现在这一地区的年代要提前至少 500 年甚至是 1000 年。换句话说，小麦于青铜时代进入中原地区，而大麦是铁器时代传入的。中国最早的小麦栽培证据距今至少已有 5000 年。在河南安阳殷墟出土的甲骨文中就有“麥”字和“來”字，以及卜辞“告麥”的记载，说明小麦于青铜时代已是河南北部的主要栽培作物。

大麦（朱嘉豪 绘）

《诗经》中周人赞美祖先的诗篇中，提到了麦，可知关中地区在公元前 11 世纪已有麦子的种植。然而，并没有形成种麦的习惯。汉武帝统治末年，董仲舒向汉武帝提建议“今关中俗不好种麦”。到汉成帝时，关中地区的麦作才在农学家氾胜之推广下得以普及。在江南，麦作的推广更为缓慢。三国时，吴国的孙权曾用面食招待蜀国的使者，这是江南面食的最早记载，但江南种麦的最早记载出现在永嘉南渡之后的第二年，即东晋元帝大（太）兴元年（318），而更大的发展是在两宋之交（1127）以后，出现了“极目不减淮北”的盛况。然而，此后江南的麦作还是时起时落，并没有稳定下来。

中国的小麦由黄河中游向外传播，逐渐扩展到长江以南各地，并传入朝鲜、日本。15 世纪至 17 世纪间，欧洲殖民者将小麦传至南、北美洲。18 世纪，小麦才传到大洋洲。

小麦的种植改变了远古先民的游牧状态，他们在中原地区固定安居，逐渐形成古老的农耕文明，自此千年，人类再也离不开麦田，农人们的一年四季也与小麦的生长周期息息相关。人们依赖小麦，看似是种植小麦，换个角度想，小麦又何尝不是“改变”和“圈养”了人类呢？

如今，经国家统计局对河南调查总队抽样调查并上报国家统计局核准：2021 年河南夏粮年总产量 760.64 亿斤，比上年增长 1.3%。其中小麦总产量 760.56 亿斤，占全国小麦总产量的 28.3%。小麦播种面积、单产、总产量均保持全国第一。中国山东也是小麦大省，年产量排在全国第二。2020 年小麦产量达到 513.77 亿斤，约占全国 19.5%，稳居全国第二位。

麦田几乎无处不在，无论是丘陵还是平原，一到丰收时节，阳光炙热，云层积卷，风吹麦浪，阵阵飘香，仿佛再现了宋代陆游笔下的《闲咏》一诗描绘的场景："小麦绕村苗郁郁，柔桑满陌椹累累。"又好像看到了杨万里《过平望三首》描写的"小麦田田种，垂杨岸岸栽"的景致。

在麦浪轻滚、麦香弥漫之际，轻声朗诵《周颂·思文》，纸上便浮现了这样一幅画面：

春季吉时，周民在祭坛上铺一层黄金色的麦穗，摆好祭品，在周王的带领下，登上祭台，执祭祀礼，齐声高颂："思文后稷，克配彼天。立我烝民，莫匪尔极。贻我来牟，帝命率育。无此疆尔界，陈常于时夏。"万民之声，浑厚层叠，穿过历史的云端，落入今人之耳畔。

植物小档案

小麦

Triticum aestivum

别名：䅘、麳、麰等

科名：禾本科

习性：喜日照

状貌：根须状，根部有分蘖。秆直立，茎中空，草质，具有 6 ~ 7 小节，高 60 ~ 100 厘米，径 5 ~ 7 毫米。叶片条状披针形，宽 1 ~ 2 厘米，长 20 ~ 37 厘米，缘粗糙，绿色，叶舌膜质。穗状花序直立，长 5 ~ 10 厘米，小穗单生，含 3 ~ 5 或 3 ~ 9 朵花，颖革质，卵圆形至长圆形，颖果大，长圆形，顶端有毛，腹面具深纵沟，不与稃片粘合而易脱落。

分布：冬小麦主要分布在河南、山东、河北、江苏、四川、安徽、陕西、湖北、山西等省区。春小麦主要分布在东北、内蒙古、甘肃、新疆、宁夏、青海等省区。

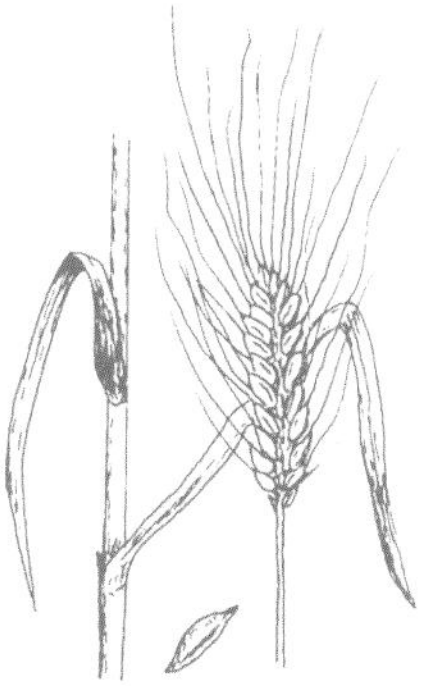

大麦

Hordeum vulgare

别名：牟、𪎊、麰、牟麦、饭麦、赤膊麦等。

科名：禾本科

习性：喜日照

状貌：根须状。秆直立，茎中空，草质，粗壮，光滑无毛，高 50 ~ 100 厘米。叶片披针形，长 9 ~ 20 厘米，宽 6 ~ 20 毫米，扁平，叶舌膜质。穗状花序长 3 ~ 8 厘米（芒除外），每节着生 3 个小穗，小穗均无柄，顶端具毛，芒长 8 ~ 15 厘米，颖果熟时粘着于稃内，不脱出。

分布：长江流域、黄河流域和青藏高原。东北平原、内蒙古高原、宁夏、新疆全部，山西、河北、陕西北部，甘肃景泰和河西走廊地区，属春大麦区。长江流域、四川盆地以南地区，大麦面积占全国的一半左右，是我国秋播大麦区的主要产区。

蔬菜篇

『菜篮子』里的力量

宋·马和之《鸿雁之什图卷》（局部）

莼菜

配菜鲈鱼，家乡的味道

思乐泮（pàn）水，薄采其芹。鲁侯戾止，言观其旂。
其旂茷茷，鸾声哕哕。无小无大，从公于迈。
思乐泮水，薄采其藻。鲁侯戾止，其马蹻蹻。其马蹻蹻，
其音昭昭。载色载笑，匪怒伊教。
思乐泮水，薄采其茆。鲁侯戾止，在泮饮酒。既饮旨酒，
永锡难老。顺彼长道，屈此群丑。

——《鲁颂·泮水》节选

扫码获取
· 植物照片
· 本诗注解

鲁僖公十三年(前647)、鲁僖公十六年(公元前644),鲁僖公与齐、赵等国,先后讨伐频繁侵扰自己国家周边的淮夷,并获大胜,俘获淮夷俘虏众多。鲁人看到自己这样一向弱小的国家逐渐强盛,高兴不已。按旧例,鲁国国君举办受俘之礼,祭祀天地,鲁人兴高采烈地赶赴泮宫水滨,采撷芹菜、藻、莼菜等,以备大典之用。看着伟大的主公鲁侯在一片旌旗招展中,乘坐高高的坐骑而来,驾临在宏伟的泮宫,饮酒相庆。鲁公修泮宫,平淮夷,展战功。通往泮宫的长长官道两侧,淮夷俘虏跪拜鲁公。泮宫高座上,鲁公开怀畅饮着甘甜的美酒,祈盼上苍赐予他永远年轻。

《鲁颂》是春秋鲁国的诗篇,其内容与"雅"相似,今存四篇。《鲁颂·泮水》全诗共八章,本文引全诗第三章。引段的"思"是发语词;"泮水"指兖(yǎn)州泗水县的泮水;"薄"是语助词,无意义;"茆"即今之莼菜;"戾"意为光临;"止"是语尾助词;"旨酒"即美酒;"锡"同"赐",有"万寿无疆"意;"道"指道路或礼仪制度;"丑"意为恶,代指淮夷。

清代方玉润道出了本诗主旨:"诗前半皆饮酒落成新宫,后半乃威服丑夷,故中间云'既作泮宫,淮夷攸服',诗旨甚明。"本诗讲了鲁人以迎鲁公驾到泮宫,举行祭祀大典(前三章)歌颂鲁公的两件功绩:修泮宫(第四五章)和平淮夷(第六至八章)。朱熹《诗集传》提出:"此饮于泮宫而颂祷之辞也。"《毛诗序》曰:"《泮水》,颂僖公能修泮宫也。"清人戴震《毛郑诗考证》云:"鲁有泮水,作宫其上,故他国绝不闻有泮宫,独鲁有之。泮宫也者,其鲁人于此祀后稷乎?

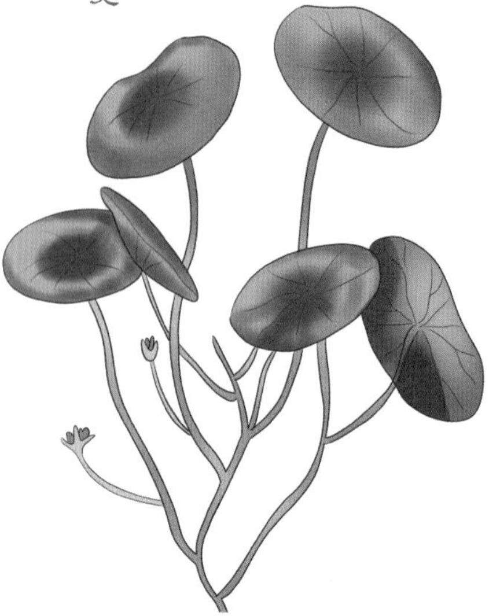
莼菜（孟祥炎 绘）

鲁有文王庙，称周庙，而郊祀后稷，因作宫于都南泮水上，尤非诸侯庙制所及。宫即水为名，称泮宫。”《采蘩》篇传云：“宫，庙也。”是宫与庙异名同实。

诗中鲁人在泮水边采摘的“茆”，即今之莼菜。《植物名实图考》卷18《莼》篇中说：“莼，《别录》下品。《诗经》‘言采其茆’，陆《疏》：‘茆与荇菜相类，江东谓之莼菜，或谓之水葵。’今吴中自春及秋，皆可食。”

莼菜是莼菜科、莼菜属多年生宿根水生草本植物，本属植物仅有莼菜一种。原产中国，生于池塘、湖泊、沼泽、湿地水中。莼菜是国家Ⅰ级重点保护野生植物（国务院1999年8月4日批准）。

莼菜的根状茎横卧于水底泥中。叶为椭圆状，漂浮于水面，叶片边缘齐全圆滑，无毛。远远看上去，像一个一个绿色的圆盘漂浮在水面上，随着水波轻微摇摆，东去西流，又好像放在溪涧间，漂浮起来的小餐盘，若有文人雅士欢聚一堂，流觞曲水，便是一番惬意场景。一到夏季，莼菜便开出紫红色的花朵，花开三四瓣，直径1～2厘米；花梗长6～10厘米，在花梗顶端，有萼片3～4枚，呈花瓣状、条状矩圆形或条状倒卵形；花朵单生，一朵一朵亭亭立于圆盘状的叶片上，好像穿着紫红色舞裙的少女，伸展着柔美的四肢，以绿色的叶片为舞台，踮起脚尖，跳一曲夏日圆舞曲。

莼菜坚果革质，不裂，有宿存花柱，里面藏着 1～2 颗卵形种子。

三国吴国的陆玑在《毛诗草木鸟兽虫鱼疏》中说：“茆与荇菜相类。”古籍都记载莼菜和荇菜长得像，那么如何区分呢?

从“长相”上看，莼菜的叶子是椭圆形，荇菜的叶子是圆形或者卵圆形；莼菜叶子体积比荇菜大一倍甚至更多，莼菜叶长 5 ～ 10 厘米，宽 3 ～ 6 厘米，叶柄长 25 ～ 40 厘米，荇菜的叶子直径只有 1.5 厘米左右，叶柄是 5 ～ 10 厘米。

莼菜比荇菜开花晚，刚入孟春，可见水面上星星点点的黄花，就可以判断这是荇菜了。而莼菜开花期在 6 月初夏。

另外，莼菜的分布范围没有荇菜大，莼菜主要分布在湖南、江西、浙江、四川等省份，也就是多分布在南方的省份；荇菜的分布要稍微广一些，在我国大部分省份都有。

莼菜含有 8 种人体必需氨基酸和一些维生素，有较高的营养价值和食用价值。莼菜中含有丰富的锌，为植物中的“锌王”，是小孩益智补锌佳品，可防治小儿多动症。宋代陆游《雨中泊舟萧山县驿》有诗句：“店家菰饭香初熟，市担莼丝滑欲流。”莼菜依水而生，因其嫩梢有透明胶质，可作汤，鲜美润滑，颇受多水之地的南方人喜爱。古人所谓“莼鲈风味”中的“莼”，就是指的这个菜。三国时期，吴国陆玑的《毛诗草木鸟兽虫鱼疏·薄采其茆》记载：“茆与荇叶相似，南人谓之蓴菜。”唐代白居易《偶吟》诗中有“犹有鲈鱼莼菜兴，来春或拟往江东”的名句。

宋朝大文学家苏轼也说："若话三吴胜事，不唯千里莼羹。"

因此出现了一个成语"莼菜鲈鱼"。《晋书·文苑传·张翰》记载这样一个故事："翰因见秋风起，乃思吴中菰菜、莼羹、鲈鱼脍，曰：'人生贵得适志，何能羁宦数千里以要名爵乎！'遂命驾而归。"晋代张翰是吴郡人，虽家世显赫，但他还是想靠自己的能力去北方求取功名，终于官及大司马东曹掾。一日，张翰看见秋风萧瑟，便思念家乡吴中的美食，思念莼菜做的羹汤和烹蒸的鲈鱼，一时感怀涌上心头，说："人生最难得的是舒适自得，怎么能束缚在千里之外，苦苦求取功名呢？"于是，他便命人驾车返回家乡。这真是古代版的"美食的诱惑"。后人以"莼菜鲈鱼"代指思乡之情。

那么这道菜有多美味呢？莼菜入口滑嫩，堪称水中燕窝，鲜嫩的鲈鱼肉细腻软润，切成薄厚适中的鱼片，去腥过水，锅中再加入熬好的清鸡汤，放入莼菜和鱼片轻轻滚煮，使得鸡汤和鲈鱼的鲜美完美融合，淋入明油增香后即可盛盘上桌。无需加入重口调味料，清淡爽口，颇具江南水乡淡薄雅致、悠远诗意之美。据记载乾隆帝下江南，每到杭州都必以莼菜调羹进餐，这道菜也因此被视为珍贵食品。莼菜药食同源，能清热解毒，止呕。主治高血压病、泻痢、胃痛、呕吐、反胃、痈疽疔肿、热疖。

泮水汤汤，旌旗招展，采莼菜备大典，鲁人称颂，国威外扬。这是强国之势，万民企盼。

植物小档案

莼菜

Brasenia schreberi

别名：水葵、露葵、蓴菜、马蹄菜、湖菜等

科名：莼菜科

习性：水生，喜湿润

状貌：根状茎横卧于水底泥中。叶椭圆状漂浮于水面，长5～10厘米，宽3～6厘米，全缘无毛，叶柄长25～40厘米。花单生在花梗顶端，直径1～2厘米；花梗长6～10厘米，萼片3～4枚，呈花瓣状，条状矩圆形或条状倒卵形，宿存；花瓣3～4枚，紫红色，宿存。坚果革质，不裂，有宿存花柱，具1～2颗卵形种子。

分布：江苏、浙江、江西、湖南、四川、云南。

苦菜与荠

忆苦思甜，可度来岁

习习谷风，以阴以雨。黾勉同心，不宜有怒。
采葑采菲，无以下体？德音莫违，及尔同死。
行道迟迟，中心有违。不远伊迩，薄送我畿。
谁谓荼苦？其甘如荠。宴尔新昏，如兄如弟。
泾以渭浊，湜湜其沚。宴尔新昏，不我屑以。
毋逝我梁，毋发我笱。我躬不阅，遑恤我后！

——《邶风·谷风》节选

扫码获取
· 植物照片
· 本诗注解

与你同甘苦，却不能共享福。一手撑起的家眼看富裕了起来，谁知你休妻要再娶。新妇要进门了，我的脚步沉重，心情更加沉重，迈步出门，一步一缓，不求你能与我送别远一些，希望你哪怕送近一些，谁知，你竟如此无情，只送我到房门口。谁说苦菜味最苦？我吃起来却如荠菜一样甜融融。你的新婚多快活，如兄如弟欢宴中。

《邶风·谷风》是一首弃妇诗。《诗经》中同类主题的优秀作品还有《卫风·氓》。与《氓》的“士之耽兮，犹可说也。女之耽兮，不可说也。……信誓旦旦，不思其反。反是不思，亦已焉哉！”女性觉醒和被抛弃后坚定断绝关系的女性形象不同，《谷风》的这位女性更温柔敦厚，也更哀怨忧心。

全诗分六章，以弃妇的视角，从第一章风雨交加的环境渲染出贫寒之家的背景，描写夫妻勉励同心攻克难关、忠贞不已的情感。谁知，第二章形势急转直下，流光容易把人抛，家境好转之后的丈夫转头休妻另娶，全然没有往日夫妻之情。正应了《氓》中之语，男子可以无情，女子却无法从感情中脱身。纵使“只可共患难，不可同享福”，纵使被抛弃，《谷风》中的女主人公仍然“不远伊迩，薄送我畿”，仍希望丈夫能送一送自己。从第三章开始，弃妇反复诉说“何有何亡，黾（miǎn）勉求之”“有洸有溃，既诒我肄”，喋喋不休的是这些年她为这个家付出的所有努力：“家中有这没那，粗活累活全是我一人努力承担，维持需求，自己为这个家付出了多少心血，如今却换来你‘不念昔者，伊余来塈（jì）。’的无情抛弃”负心汉不念往日旧情，无情将她来抛。

苦苣菜（孟祥炎 绘）

诉说过程中，穿插“宴尔新昏，不我屑以”“宴尔新昏，以我御穷”，今朝看他新婚多欢乐，就反衬着弃妇的处境多悲惨，以喜写悲，以乐景衬哀情，极尽哀怨之情。清代顾镇《虞东学诗》评：“此诗反复低徊，叨叨细细，极凄切又极缠绵。”

诗中以荼和荠两种植物作比。荼指苦苣菜，荠指荠菜。苦菜和荠菜我们都吃过，苦菜味苦，荠菜味淡甜。

“紫绮漫郊苦菜花”

苦苣菜，俗称苦菜。曹元宇辑注《本草经》“苦菜”注：“《诗》云：‘谁谓荼苦。’又云：‘堇荼如饴。’皆苦菜异名也。”苦菜作为一种野菜，食用历史长达两千多年。不同地区所指的苦菜其实并非完全一致，像苦苣菜、苣荬菜、花叶滇苦菜都有人将它们称呼为苦菜。

苦苣菜是菊科、苦荬菜属一年生的草本植物。有纺锤状的根，根垂直扎入土壤，有多数纤维状的须根。茎中空直立而高挑，高50 ~ 100厘米，用指尖掐断茎，其中便能流出白色的乳汁。叶为互生，叶片为椭圆状披针形，长15 ~ 20厘米，宽3 ~ 8厘米，叶片一端为大头羽状深裂、半裂至全裂，裂片边缘有不整齐的短刺状齿至小尖齿。唐代杜甫《园官送菜》描述了它的形状："苦苣刺如针，马齿叶亦繁。青青嘉蔬色，埋没在中园。"

苦苣菜在四月间变绿，五六月开花。花为头状花序，直径约2厘米，排列成伞房状，黄色舌状花。远远看去，就像青翠的叶子间，一个一个打着小黄伞的精灵。花开之际，无数的舌状花被当中宽、两头窄的绿色总苞紧紧包裹着，如同一个陀螺上顶着一簇艳黄色的絮状物。花开无多时即结果，无数椭圆形的瘦果带着长长的白色冠毛，柔柔地纠缠在一起，那一簇黄絮顿时换做了一个白球。随着绿色总苞渐枯，那个白球在风中也化作了朵朵白絮，四处飘散，去别处落地生根了。

苦苣菜木属植物约40种，分布于北温带，有数种产于热带。我国有5种。苦苣菜生于山坡路边荒野处，遍布全国各省区。清代吕履恒有诗《石楼·石楼城郭山之坳》描写在郊野常见苦菜："石楼城郭山之坳，苦菜青青盈四郊。"

苦苣菜"菜如其名"，吃一口，满嘴苦味。古往今来，很多人不喜欢吃，喜欢吃的人却对其赞口不绝。其嫩茎叶含有丰富的胡萝卜素、维生素B_2和维生素C，可供食用。古代诗作中多有苦苣菜做吃食的记载。

不仅古老的《诗经》中记载先民采食苦苣菜“采荼薪樗，食我农夫”（《豳风·七月》），到宋代，苦苣菜的身影也常出现在文人的诗歌中。黄庭坚有诗《次韵子瞻春菜》：“韭苗水饼姑置之，苦菜黄鸡羹糁滑。”同时代的叶适也有诗《后端午行》：“日昏停棹各自归，黄瓜苦菜夸甘肥。”

现在的人吃苦苣菜，属于尝鲜之列。怎么吃呢？通常，他们先把洗净的苦菜放在开水里煮一会儿，滤其苦水，再加以调料，用来减轻苦味。老人说，苦菜吃了能退火。这是因为苦苣菜本身就可以全草入药，有清热解毒、凉血止血、祛湿降压的功效。

“有食荠糁甚实美”

荠菜是十字花科、荠属的一年或二年生的草本植物。本属植物约有5种，其中荠菜为广布种。列入《世界自然保护联盟濒危物种红色名录》。

荠菜高30～40厘米，主根瘦小，为白色。挨着土地生出丛丛叶子，荠菜的茎虽直立，但极为短缩，节间不明显，其叶恰如从根上生出而成莲座状，单一或从下部分枝，荠菜叶从靠近根茎的地方生长出来，长成大头羽状分裂（长长的叶梗顶端是圆形的大叶片，而叶梗两边为对称的波浪状小裂），叶子长10～12厘米，宽1.5～2.5厘米，叶子顶端的裂片为卵形至长圆形，侧边的裂片有3～8对，为圆形至卵形。茎上生长的叶子形状是披针形，茎的基部为箭形，边缘有缺刻和锯齿。

荠菜生长于田野、路边及庭院，只有几寸高，一簇簇碧绿青翠。

荠菜（朱嘉豪绘）

荠菜的生命力很强，冬天还赖在田间溪头，春寒绵延，久久不去，好像知道再寒冷的冬天也会过去一样，悄悄地，奋力地，从土里冒出头，发出几不可查的嫩芽，为春色添上第一抹绿。

四月，百花争春，百草斗艳之际，荠菜如同《谷风》中这位朴实善良的妇人，不争不抢，不张扬招摇，白黄色 4 瓣小花悄然爬上总状花序的梗梢，花瓣是椭圆形，带着清幽的香气，它不懂如何炫耀自己的美貌，却将此生献于春天，献于泥土，献于人类的餐桌。

荠菜的果实结于初夏，短角果倒三角形，扁平，种子细小。

晋代夏侯湛有一篇《荠赋》，这篇赋中讲述荠菜的“生长史”：“钻重冰而挺茂，蒙严霜以发鲜。舍盛阳而弗萌，在太阴而斯育。永安性于猛寒，差无宁乎暖燠（yù）。”荠菜甘甜美味，因为它吸收了冬天的水汽，经历了冰雪的严寒，越是苦寒，越是坚强，越生发出了回味甘甜的能力。等到天气转暖，储蓄了一冬能量的荠菜，厚积薄发，将自己奉献给大地和人类。荠菜的这种品性不免使人联想到人生。都说，人的一生要先经历苦楚，方能苦尽甘来。谚语有云：“受尽苦中苦，方为人上人。”正是夏侯谌所感悟的荠菜的物外之美。南朝的卞伯玉也称赞荠菜的这种高尚品质：“终风扫于暮节，霜露交于杪秋。有萋萋之绿荠，方滋繁于中丘。”

看似不起眼的荠菜，营养却很好，它含有蛋白质、脂肪、碳水化合物、钙、磷、铁、胡萝卜素、维生素、尼克酸、维生素，还含有黄酮甙、胆碱、乙酰胆碱等。荠菜的初苗口感嫩得出奇，就算是清炒也令人无限留恋。

如今已经不知道最早是谁在众多草木中，发现了荠菜这种植物可以吃这件事。但是，宋代诗人陆游可谓把荠菜吃出了各种花样的佼佼者。有“有食荠糁甚实美”“残雪初消荠满园，糁羹珍美胜羔豚”“手烹墙阴荠，美若乳下豚”等诗句流传下来，他认为荠菜羹比鲜糯香嫩的羔豚还好吃，足见陆游对荠菜的喜爱。“日日思归饱蕨薇，春来荠美忽忘归”，更是道出了陆游对荠菜的迷恋程度。甚至在陆游晚年，他还想穿越时空，通过荠菜与另一个宋代著名美食发明家苏轼交流心得。一日，他吃到一碗荠菜粥，想起与他一样命途多舛的东坡居士，于是提笔写下这首《食荠糁甚美，盖蜀人所谓东坡羹也》，诗中有云："荠糁芳甘妙绝伦，啜来恍若在峨岷。"荠菜羹鲜美可口，喝一口好像回到了苏东坡的家乡峨岷之地。一碗荠菜粥，压缩了时空的距离，拉近了两个青史留名的诗人的心灵。从吃荠菜中，陆游甚至悟出了读书的道理："吾曹舌本能知此，古学功夫始可言。"意思是，读书要像吃荠菜一样，细嚼慢咽，慢慢品味，多品味几遍，甘甜自然香溢满口满心。

历经千年，荠菜已经成为中国人餐桌上，每逢春季不可忽略的美食，特别是江南地区的人民快要把荠菜"吃出花"了：春笋年糕炒荠菜、豆腐荠菜羹、荠菜包子、荠菜饺子。现在甚至有城市的人民发明了荠菜馅的汤圆。如今，在春天，也能看到很多人挎着篮子，拿着袋子，驱车到郊野田间草地，寻找荠菜的身影。如今美味菜肴这么多，非要吃野菜吗？非也。吃的是曾经忆苦思甜的情怀，吃的是返璞归真的情趣，吃的也是一个春天的仪式感。

生活如同吃苦苣菜，多咀嚼一些时间，便会尝出甜味。如这首弃妇诗，借女主人公之口吻，道出和爱人相守，苦日子也能品尝出甜美的道理，可惜这位温柔敦厚的妇人所遇非良人。但忆苦思甜、先苦后甜的"苦乐观"扎根在中国人的骨子里，千百年来，以乐观抗衡这不尽如人意的一地鸡毛。

植物小档案

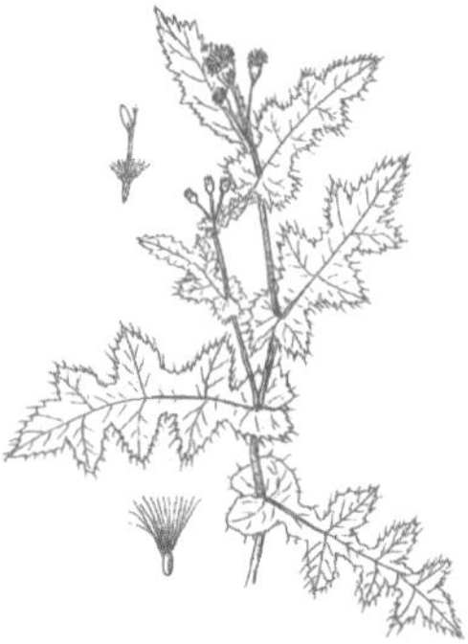

苦苣菜

Sonchus oleraceus

别名：荼草、游冬、苦菜、苦苣等

科名：菊科

习性：耐瘠薄，喜湿润

状貌：有纺锤状根。茎直立，中空，具乳汁，高 50 ～ 100 厘米。叶互生，叶片长椭圆状或倒披针形，长 15 ～ 20 厘米，宽 3 ～ 8 厘米，大头状羽状深裂、半裂至全裂，裂片边缘有不整齐的短刺状齿至小尖齿。头状花序，直径约 2 厘米，排列成伞房状，舌状花黄色。瘦果，长椭圆形，具白色细软冠毛。

分布：全国各省区。

荠

Capsella bursa-pastoris

别名：护生草、净肠草、百岁羹、芊菜、鸡心菜等。

科名：十字花科

习性：耐寒，喜阳

状貌：高30～40厘米。主根瘦小，白色。茎直立，单一或从下部分枝。基生叶丛生，大头羽状分裂，长10～12厘米，宽1.5～2.5厘米，顶裂片卵形至长圆形，侧裂片3～8对，长圆形至卵形，茎生叶披针形，基部箭形抱茎，边缘有缺刻和锯齿。总状花序顶生或腋生，小花白色，有柄，花瓣4枚。短角果倒三角形，扁平，种子细小。

分布：全国各省区。

藜

家喻户晓的灰灰菜

南山有臺，北山有莱。乐只君子，邦家之基。乐只君子，万寿无期！

南山有桑，北山有杨。乐只君子，邦家之光。乐只君子，万寿无疆！

南山有杞，北山有李。乐只君子，民之父母。乐只君子，德音不已！

南山有栲，北山有杻。乐只君子，遐不眉寿。乐只君子，德音是茂！

南山有枸，北山有楰。乐只君子，遐不黄耇（gǒu）。乐只君子，保艾尔后！

——《小雅·南山有臺》节选

扫码获取
· 植物照片
· 本诗注解

南山有莎草，北山有小藜。君子真快乐，为国立根基。君子真快乐，万年寿无期。南山有桑树，北山杨树壮。君子真快乐，是国之荣光。君子真快乐，万寿永无疆。南山桂树多强壮，北山杻树多兴旺。君子真快乐，长寿永健康。君子真快乐，美名四方扬。南山羊桃长得旺，北山女贞遍地长。君子真快乐，长寿永安康。君子真快乐，保佑子孙永绵长。

《毛诗大序》云："雅者政也，言王政之所由废兴也，政有大小，故有《小雅》焉，有《大雅》焉。"《小雅》八十篇，其中《南陔》《白华》《华黍》《由庚》《崇丘》《由仪》六篇称"笙诗"，有其目而无其辞，因此实存七十四篇。《大雅》三十一篇。《雅》因为是有意而作的诗体，所以在诗的风格上特点鲜明：文辞修整，铺张甚丰，章句整齐，篇幅较长。二雅如何区别呢？历来莫衷一是。有一些主流的研究观点，如政治别、音乐别、道德别。

《小雅·南山有臺》为周代贵族的一首颂德祝寿的宴饮诗。与《小雅·鱼丽》《小雅·南有嘉鱼》三首诗是同一组宴饮诗。先歌《鱼丽》，"鱼丽于罶，鲿鲨。君子有酒，旨且多"，竹篓中鱼儿肥美多样，热情的主人家有美酒数不清，赞佳肴之丰盛；次歌《南有嘉鱼》，"南有嘉鱼，烝然罩罩。君子有酒，嘉宾式燕以乐"，南方盛产鲜美的鱼，君子宴会有美酒，嘉宾尽享宴饮之乐，叙述宾主绸缪之情；最后歌《南山有臺》，极尽祝颂之能事，敬祝宾客万寿无疆，子孙福泽延绵。前人或以为"乐得贤"（《毛诗序》），或以为"颂天子"（姚际恒《诗经通论》），或以为"祝宾客"（方玉润《诗经原始》）。

《小雅·南山有臺》全诗五章，每章六句。每章后四句都是歌功颂德和祝寿之词。第一二章敬祝邦家之光、万寿无疆，第三四章祝福民之父母、德音不已，第五章祝愿子孙万代幸福绵长。每章开头都以南山、北山的草木起兴，南山有台、有桑、有杞、有栲、有枸；北山有莱、有杨、有李、有杻、有楰。以有价值之才比喻有美德的君子贤人。兴中有比，富有象征意义。该诗写出了娱乐、祝愿、歌颂、庆贺等内容，生动还原了周民颂德祝祷的情形，用词得当，颇具匠心。

诗的“莱”即今之藜。陆玑的《毛诗草木鸟兽虫鱼疏》注“北山有莱”说：“莱即藜也。初生可食。”

藜是藜科、藜属的一年生草本植物。你或许对它的这个学名不熟悉，但是，说起灰灰菜，可谓家喻户晓。灰灰菜就是藜的别名之一。藜的生命力极强，一到二三月开春，田埂、河边、路旁、墙角，随处可见它有

藜（孟祥炎 绘）

意争春，生机勃勃，割了一茬又长一茬，只要根还扎在土里，哪怕被人类不断掐断茎，生长的脚步也不停止。越割断它，它就越长得旺盛，似乎生来倔强，越挫越勇。乡下人称它是除不掉的“杂草”。藜的本属植物约 250 种，世界各地有分布。我国产 19 种，亚种 2 个。藜在我国南北各省有分布。

《本草纲目》记载：“藜处处有之。即灰藋之红心者，茎、叶稍大……嫩时亦可食……老则茎可为杖。”黎高 30 ~ 150 厘米。茎直立，粗壮，有棱和绿色或紫红色的条纹，多分枝，老时可为杖。

但是，此处“老则茎可为杖”有一个疑问。据《中国植物志》记载，藜最高才 150 厘米，如果用作手杖，截头去根也就剩 100 厘米左右，基部粗也一般不会超过 2 厘米，按照人类的身高，有一个测量手杖尺寸的公式，手杖长度 =0.72× 身高。据考古数据显示，距今五六千年前至距今三四百年前，中国古代成年男子的平均身高约 1.65~1.67 米，古代成年女子的平均身高约 1.54~1.56 米。个别时代有所微动，例如秦汉三国时期的人略高，唐宋时期人们由于民族融合与南迁等原因整体偏矮。再翻阅典籍中记载的一些成年人的身高，《史记》中大禹有“九尺二寸”，孔子“九尺六寸”，刘邦“七尺八寸”（西汉的木尺 1 尺长 23 厘米，铁尺 1 尺有 22 厘米，竹尺 1 尺为 23.6 厘米或 22.92 厘米）。

按照这个身高标准，藜给人类作手杖用似乎短了些。而且，黎茎最粗不过 2 厘米，太细了，根本起不到支撑作用。或许可以推测下，“可为杖”的应该是同属的杖藜。

杖藜是藜属一年生大型草本植物，高可达3米。茎粗壮，基部直径达5厘米，幼嫩时顶端的嫩叶紫红色。其叶大，形状和藜相似，其嫩苗也可作蔬菜，种子可代粮食用。本种为栽培种，并逸生为半野生状态。

再说回藜，藜的叶片呈菱状卵形至宽披针形，长3～6厘米，宽2～5厘米，先端急尖或微钝，基部呈宽楔形，边缘常有不整齐的锯齿，用手触摸叶片，有的嫩叶上面有紫红色粉，有的有灰白色粉，即古人所指的红心灰藋和灰藋，如今在民间得名“灰灰菜”。清人刘毓盘的词《卜算子》：“旧日素心花，今日红心草。”“红心草”即是红心灰菜。其实，心叶带紫红色粉和心叶带灰白色粉的灰灰菜，是一个种属的两种形态，并没有本质上的区别。

藜的花果期为5～10月。花为雌雄两性，多数花簇形成圆锥状花序，花被由5片宽卵形或椭圆形的花瓣组成。胞果包于花被内，果皮与种子贴生。种子横生，双凸镜形，细小，泛着黑色光亮。藜开花之后，就不能吃了，所以最佳食用期为2月末到4月末。

吃灰灰菜的传统，可以追溯到战国时期，在唐宋许多诗人的诗作中都可见它被端上餐桌的身影。《韩非子·五蠹》有：“粝粢之食，藜藿之羹。”《昭明文选》的《曹植》篇也有：“予甘藜藿，未暇此食也。”刘良注：“藜藿，贱菜，布衣之所食。”

在古代，灰灰菜是贫贱粗鄙的食物，贵族很少吃，或许这是因为灰灰菜生命力强，且生长速度快，供给能力强，而且到处都生长，没有钱的贫民只需要到田间地头，采摘一些，拿回家加工一下，就可以填饱肚子，可谓充饥亦佳品。陆游在《午饭》诗中说：“破裘负日茆檐底，一碗藜羹似蜜甜。”宋代林泳《蔬餐》诗中说：“山人藜苋惯枯肠，上顿时凭般若汤。”

因此，藜藿也成为一个固定的汉语词汇，指粗劣的饭菜，也代指贫贱之人。南朝诗人江淹《效阮公诗》之十一：“藜藿应见弃，势位乃为亲。”就是用藜藿代指穷人，他借效仿阮籍之口，表达自己对那些热衷于仕途，鄙弃贫贱去亲近巴结有权有势的人的不屑一顾。

藜虽能吃，但也应少吃。中国植物图谱数据库将藜收录为有毒植物，其毒性表现在幼苗作野菜食用时，有人食后在日照下，裸露皮肤部分会发生浮肿及出血等炎症，局部有刺痒、肿胀及麻木感，少数严重患者可出现水疱，甚至并发感染和溃烂等症状。有专家认为这是因为藜叶中含有的光敏物质进入体内，再经日光照射所致日光性皮炎。

今人吃灰灰菜，已不当充饥之用。而千百年间，那因灰灰菜活下去的贫民，在历史的风沙中，即使一生卑微，仍然虔诚地称颂祝祷上苍明主。

植物小档案

藜

Chenopodium album

别名：灰苋、灰条菜、灰灰菜、胭脂菜等

科名：藜科

习性：喜湿耐瘠薄

状貌：高30～150厘米。茎直立，粗壮，有棱和绿色或紫红色的条纹，多分枝。叶片菱状卵形至宽披针形，长3～6厘米，宽2～5厘米，先端急尖或微钝，基部宽楔形，边缘常有不整齐的锯齿，嫩叶上生有紫红色粉粒。花两性，多数花簇形成圆锥状花序，花被5片，裂片宽卵形或椭圆形。胞果包于花被内，果皮与种子贴生。种子横生，双凸镜形，细小，黑色光亮。

分布：全国大部分省区。

羊蹄

此羊蹄非彼羊蹄

我行其野，蔽芾其樗。昏姻之故，言就尔居。
尔不我畜，复我邦家。
我行其野，言采其蓫（zhú）。昏姻之故，
言就尔宿。尔不我畜，言归斯复。
我行其野，言采其葍（fú）。不思旧姻，
求尔新特。成不以富，亦祇以异。

——《小雅·我行其野》

扫码获取
· 植物照片
· 本诗注解

荒烟蔓草，我行路踟躇，沿路采摘羊蹄回家。何以如此？全是因为你我有婚姻之实啊，可是，说好了我远离家乡，前来与你同住，你却不善待我，要抛弃我，既然如此，我便要回家去。

《诗经》中有一个常见的题材诗——弃妇诗。这也体现了《诗经》的现实主义创作精神，而这一主题也为中国古代文学史“弃妇文学”母题的发端。本书在“苦菜与荠菜”篇中也讲到了，《氓》《谷风》皆为弃妇题材，《小雅·我行其野》也是一首弃妇诗，但是和其他同题材作品大力渲染、铺陈妇女被弃前的生活场景所不同，《我行其野》的作者用赋的手法，把着墨重点放在当下，描写了一位远嫁异地的妇女被抛弃后，孤独地走在回娘家的路上，四周荒草遍野的环境，烘托出她比荒草更荒凉的伤痛和悲愤。她一边走，一边采食野草，一边回想过往种种恩情与薄情，一边诉说丈夫不念结发之情，另觅新欢的无情。全诗好像一个电影片段的长镜头，在辽阔的荒原之上，只有一个瘦弱的女人缓步行走，采摘，啜泣，大场景与小焦点，静态与动态，完美契合，虽不着一字“哀怨”，却无处不在表现“哀怨”。

诗中“宿”指居住；“畜”即养活；“斯”为句中语助词。《毛诗序》曰：“《我行其野》，刺宣王也。男女失道，以求外昏（婚），弃其旧姻而相怨。”孔疏引王肃云：“行遇恶木，言己适人遇恶人也。”孔疏点出了此诗的一个突出的艺术特色——象征。诗中的“樗”“蓫”“葍”等都是恶木、劣菜，以此象征自己嫁给变了心的负心汉。

诗中的“蓫”即现在的羊蹄。《植物名实图考》卷13《羊蹄》篇中说：

羊蹄（孟祥炎 绘）

“《小雅我行其野》篇：‘言采其蓫’。《传》云：‘蓫，恶草也。’”《齐民要术》引《义疏》云：“今羊蹄似芦菔，茎赤、煮为茹，滑而不美，多噉令人下痢，幽州谓之羊蹄，扬州谓之蓫。”

有人或许会好奇，这个植物名和动物界的羊有没有关系？

其实，植物界的羊蹄和动物界的羊蹄没有任何关系，只是恰好重名而已。羊蹄是蓼科、酸模属多年生草本植物。若你去田间，把羊蹄的根拔出来，就会发现，比起其他根部纤细的野草，它的根十分粗大，有多粗呢？差不多和一根胡萝卜一样粗。不仅粗壮，它还是长圆形的，洗掉泥土，就露出黄色的“真面目”。所以，它在民间有一个别称“土大黄”。这样独特的根注定了它旺盛的生命力，使它能扎根更深的地方，能汲取更多的营养，侵占更多的土地，像个霸道的土财主，占领更多地盘以保证自己长势旺盛。宋代张镃有诗《崇德道中》：“羊蹄根老漫溪浔，灰蝶闲飞兴亦深。”

羊蹄这样粗壮的根也决定了它有足够的能力长出高 80 ~ 100 厘米的直立的茎，茎上无毛。茎的基部（靠近根和土地的地方）长有叶子，这块的叶子有长柄，叶片为长椭圆形，长 10 ~ 25 厘米，宽 4 ~ 10 厘米，但是，从基部往上的茎上长出的叶子很小。它的颜色是灰绿色的，叶子比较厚，摸起来有一点像皮革的感觉。因为它的叶片较大，蒸腾速度很快，所以需要更多的水分湿气补充能量，因此它喜欢生长在湿润的环境中，比如湿地、田埂、河滩、沟边。

一株长势良好，叶子繁盛的羊蹄茎顶端到根部为三角形，两边有长椭圆形叶片延展。

羊蹄在5~6月开花，花开在茎顶端，花沿花序轴从顶端依次开花，呈现圆锥型花序，花梗细长，花被有6片呈淡绿色，成2轮，有点像穗状。它的特立独行不仅体现在根上，还体现在花上，当别人家的野草在春夏开出五颜六色的花，姿态妖娆的时候，羊蹄另辟蹊径，偏要开出淡绿色的一根一根长条圆锥型的花朵，和绿色的叶片混在一起，如果不仔细看，还以为那是新生的嫩芽，它不会开花呢！似乎羊蹄在用这种憨厚笨拙的方式逗人间一乐，缓解四周杂草丛生的无聊气氛。

八九月间，羊蹄要结果了。它结宽卵形的瘦果，果壳上有3棱，为黑褐色，果有明显的网纹和瘤状突起，边缘有细小的齿状。

羊蹄是中国农村餐桌上比较常见的一种野菜。二三月份，立春之后，绵绵春雨清洗过后的大自然一片清新，一些羊蹄的嫩芽、嫩叶从田间湿润的土壤中冒出头来，不成想还没长成宽大厚实的叶子，就被爱吃的人类盯上了。人们忙碌在田间地头，掐取羊蹄最新鲜的叶子部分，回家用最简单的方式，清洗，过水焯一遍，加入调料，搅拌均匀，一道带着春日野生味道的凉菜便可以端上餐桌，供众人品尝了。入口什么味道呢？唇齿间散开淡淡的香甜，软糯润滑，口感纯粹，不含多余的味道和杂质。北方还有将羊蹄捣碎拌了肉馅包饺子的吃法，野菜的味道融入细嫩的肉馅中，再用细白的面皮包裹，仿佛将整个春天萌生的希望包进了饺子里，再下锅沸水滚煮，早已“垂涎三尺”的小孩，扒着厨房门，等待饺子出锅。等待一道野味的过程，比吃进嘴里更具有诱惑力。

不仅羊蹄叶子有多种吃法，羊蹄的种子去皮，还可作为米饭煮食。只是，现在这种吃法不太常见了。毕竟人类对粗粮的向往远不及细粮带来的满足感。

在民间，羊蹄还可以入药，它的性味苦、寒，能清热通便，凉血止血，杀虫止痒、杀虫润肠。羊蹄根能治癣，古代文献多有记载。

那被抛弃的妇人不知要走多远的路，才能回家去。或许，回家要面对的又是另一番光景。漫漫荒草，摘了满怀的羊蹄，零星散落在身后，和着来时的欢喜，和着走时的哭泣，落入中国古代文学史中。

诗经小档案

羊蹄

Rumex japonicus

别名：蓄、蓫、堇、秃叶、鬼目、恶菜、猪耳朵、牛舌菜等

科名：蓼科

习性：喜阴，喜湿润

状貌：根粗大，长圆形，黄色。茎直立，高 80 ~ 100 厘米。基生叶有长柄，叶片长椭圆形，长 10 ~ 25 厘米，宽 4 ~ 10 厘米，茎生叶很小。顶生圆锥花序狭长，花两性，淡绿色，花被 6 片，成 2 轮。瘦果宽卵形，有 3 棱，黑褐色，果有明显的网纹和瘤状突起，缘有微齿。

分布：浙江、福建、台湾、安徽、河南、江西、湖北、湖南、四川、广东和广西。

紫苏

藏在食物里的浪漫

荏染柔木，言缗（mín）之丝。
温温恭人，维德之基。
其维哲人，告之话言，顺德之行。
其维愚人，覆谓我僭（jiàn）。民各有心。

——《大雅·抑》节选

扫码获取
• 植物照片
• 本诗注解

荏油涂在柔木上，又坚又韧是上好木料，制作琴身，调好琴弦。温和谨慎的老好人，维持君德品行高尚。如果你是明智的人，我就将古代善言圣德说与你听，以此劝诫你以顺德尊行为治国的宝物。如果你是糊涂虫，说我多嘴不讨好，那就是，人心各异，难分辨。

理解此诗，需要先了解创作这首诗的历史背景。周朝经昭穆时代，由盛转衰，北方戎狄崛起，屡屡进犯，直到周幽王统治时期，幽王昏庸残暴，宠爱褒姒，最后被来犯的西戎军队杀死在骊山，史称"犬戎之祸"。幽王死后，周平王继位。平王施政不当，行役无度，对内不抚其民，反而从周朝抽调兵力，到其母故国申国屯垦驻守。周朝的一位元老级臣子卫武公，当时已八九十岁，他辅佐平王，指出他的过失，劝他求贤立德，勤于政事，整顿国防，抵御外寇。

《大雅·抑》就是周朝元老卫武公训教周平王的诗歌。全诗十二章，前四章为第一部分。首章以赋的形式，直陈哲与愚的关系，"庶人之愚，亦职维疾。哲人之愚，亦维斯戾"以常人和智者对比，说明智者如果不聪明，就是反常之事。第五章至第八章，是诗的第二部分，以比的手法，进一步说明什么是应当做的，什么是不应当做的，以体现求德、求贤；第九章至末章是诗的第三部分，在反复申述哪些该做哪些不该做之后，卫武公便恳切地告诫平王应该认真听取自己的箴规，否则将有亡国之祸。"荏染柔木，言缗之丝"以此作比兴，韧性好的木料才能制作好琴，好琴才该配好琴弦，形象生动，循序善诱，表达"温温恭人，维德之基"的道理。清末桐城派重要代表吴闿生称此诗为"千古箴铭之祖"。

本文因篇幅受限，不能尽列全诗内容，但这首诗中诞生了许多后世耳熟能详的成语，比如“夙兴夜寐”“白圭之玷”“舌不可扪”“投桃报李”“耳提面命”“谆谆告诫”等，若感兴趣，可以扫描 P78 二维码阅读全诗，寻找、体会这些成语的含义。

在本诗第九章以“荏染”这种植物作比，诗中的“荏”，以前的学者不认为是一种植物，认为“荏染”有柔之意。作者认为荏是一种植物，诗中的荏是指荏油，染是涂染。“荏染柔木”是将荏油涂染到制作乐器的柔木上。《植物名实图考》卷 25《荏》篇记载：“荏，《别录》中品，白苏也。南方野生，北地多种之，谓之家苏之，可作糜、作油。”

这是什么植物呢？它在如今，有一个无比浪漫的名字——紫苏。

这个植物名，让你一定有种古风言情小说女主人公的既视感，听上去，就可以自动脑补温婉多娇、才情斐然的贵族小姐形象。在植物界，紫苏的“长相”也十分迷人。

紫苏是唇形科、紫苏属的一年生草本植物，又称白苏、红苏、香苏等。叶全绿的为白苏，叶两面紫色或面青背紫者为紫苏。近代植物学上认为二者属同一种植物，其变异是栽培所致。

紫苏茎直立，高 30 ~ 100 厘米。人类冠以颜色名“紫”，可以想象，它自带一种有别于其他植物的颜色，在大部分植物都以绿色的茎、绿色的叶为形态的时候，紫苏选择穿上紫色的“外衣”，它的茎有时为紫色，呈现钝四棱形，茎上密密地长满了柔毛。它的叶子两面都为紫色或者深绿色，成对生长在茎上，呈现阔卵形或圆形，触感为膜质或草质，

紫苏（孟祥炎 绘）

摘一两片在手里摩挲，感觉叶表皮很薄，像覆了一层透明的薄膜。叶子长 7 ～ 13 厘米，宽 4.5 ～ 10 厘米，边缘上部有粗齿，两面绿色或紫色，叶面和背面被疏柔毛。这些叶片看上去，像巨型哺乳动物的舌头，宽大，延展，灵活可人。

金秋九月，植物界除了丹桂飘香惹人喜爱外，在无人关注的角落，紫苏也默默地开着花。它的花冠也为淡紫色，长 3 ～ 4 毫米，花序轴不分枝，较长，长 1.5 ～ 15 厘米，上面长着长长的白色的柔毛，花萼为钟形。具有花柄的小花着生于花序轴上，小花的花柄等长，由下至上开花。花果期为 8 — 12 月。

大自然像是特意调和了一种紫色的颜料，为紫苏这种植物量身定制了“专属色”。紫色的茎、叶、花，与秋天代表性的金黄色，形成鲜明对比，好似时尚界流行的“撞色”元素，撞出大自然这个神秘的造物主无与伦比的创意。

紫苏在中国已有 2000 多年的栽培历史。宋代汪元量有《贾魏公府》记载：“海棠花下生青杞，石竹丛边出紫苏。”人们在庭院中，将紫苏与海棠、石竹等种在一起，海棠的红，石竹的翠，紫苏的紫，不用一笔一颜料，这些植物借大自然之手笔，绘成一幅水彩画，再没有比古代的中国人更具审美感的了。

北魏贾思勰的《齐民要术》记载：“荏油色绿可爱，其气香美。”荏油有干固之性，多涂于乐器、雨衣、纸伞之类，亦可供食用。

中国人爱吃，会吃，甚至有人开玩笑说“万物皆可吃”。紫苏可谓中国人餐桌上最浪漫的一道食物。

李时珍《本草纲目》记载："苏乃荏类，而味更辛如桂，故《尔雅》谓之桂荏。""紫苏嫩时有叶，和蔬茹之，或盐及梅卤作菹食甚香，夏月作熟汤饮之。"这些记载说明，将鲜嫩的紫苏叶和其他蔬菜拌在一起吃，或者用盐、酸梅卤渍后当作佐菜吃，味道辛香如桂皮，十分鲜香，在暑夏月份里还可以煮熟冲汤喝。紫苏梅果至今仍是江浙一带的传统小食，清香扑鼻且酸甜可口。

紫苏作为一道不可或缺的餐桌美食，更起到了饮食文化传承的作用。中国古人发明了很多种紫苏的吃法，比如将新鲜的紫苏叶洗净，用开水烫后挤去水分，沾豆酱吃；比如汉代枚乘的《七发》记载，吴客向楚太子描述饮食之美，讲到了"鲜鲤之鲙，秋黄之苏"，意思就是用秋天的紫苏叶搭配生切鲤鱼片食用，这种方法传到日本平安时代并形成了当地的鱼生刺身的文化。这里要提一下，紫苏可以和鲤鱼一起吃，但是不能和鲫鱼一起吃，不然会产生毒素，食之中毒。还有，紫苏本身有辛香，能够遮盖肉类的腥味，以紫苏腌渍入菜，可解油腻和腥臭。因此它几经历史辗转，登上了日韩等国家的餐桌，至今都是日韩料理中不可或缺的佐菜。紫苏还可以分别与面、米等蒸、煮在一起吃。宋代逸民有《江城子·秀才落得甚乾忙》词作："吟配十年灯火梦，新米粥，紫苏汤。"

不仅吃紫苏的花样繁多，紫苏叶有发汗、镇咳的药用价值，这自然逃不过酷爱"养生传统"和食疗的中国人的眼睛，早在宋代人们就常把紫苏叶当茶饮，长期服用，用以解毒健胃，宋仁宗时，紫苏茶曾被翰林医官院定为“汤饮第一”。特别对因鱼蟹中毒致腹痛呕吐者有卓效。

我国古代民间还用紫苏作天然防腐剂。紫苏叶宽大，采摘新鲜紫苏叶包鱼、肉等易腐食物，将其置于室内通风处，常温下可保存4～5天。

《诗经·巧言》：“荏染柔木，君子树之。”古人发现了紫苏当作染料的功能，赋予它“荏”的美称，一生一年，枯荣兴衰，好似它染过的时光，铺陈一片浓墨重彩的回忆。于是，有了“荏苒”，时光荏苒，岁月如梭。

不会再有人记得卫武公对周王的谆谆劝诫，那些历史的成功与失败、豪言与悔恨、霸主与贤臣，都随滚滚浪淘尽，只有紫苏，不懂人类的纷争与野心，它在土地与爱的缝隙间，看日头东升西落，分享浪漫，也蹚过这人间俗世一场。

植物小档案

紫苏

Perilla frutescens

别名：桂荏、荏、白苏、红苏、香苏、白紫苏、青苏等

科名：唇形科

习性：喜阳

状貌：茎直立，高30～100厘米，绿色或紫色，钝四棱形，密被长柔毛。叶对生，阔卵形或圆形，膜质或草质，长7～13厘米，宽4.5～10厘米，边缘上部有粗齿，两面绿色或紫色，叶面和背面被疏柔毛。总状花序，长1.5～15厘米，密被长柔毛，花萼钟形，萼檐二唇形，上唇宽大，3齿，下唇稍长，2齿，花冠白色至紫红色，长3～4毫米，冠檐近二唇形，上唇微缺，下唇3裂，中裂片较大。小坚果近球形，灰褐色。

分布：我国华北、华中、华南、西南等均有野生种和栽培种。

草木篇

绿水青山 泽被子孙

宋·艳艳女史绘《花卉草虫图》（局部）绢本着色

荇菜

水面上的摇曳之姿

关关雎鸠，在河之洲。窈窕淑女，君子好逑。
参差荇菜，左右流之。窈窕淑女，寤寐求之。
求之不得，寤寐思服。悠哉悠哉，辗转反侧。
参差荇菜，左右采之。窈窕淑女，琴瑟友之。
参差荇菜，左右芼之。窈窕淑女，钟鼓乐之。

——《周南·关雎》

《诗经》是中国文学史上最古老的典籍，《诗经》的第一篇是《周南·关雎》。一首《关雎》，以浪漫的爱情之歌，缓缓揭开了中国现实主义文学史的帷幕。

上古河流潺潺，河中小洲上，一对关雎交颈相鸣。河中参差不齐的荇菜，软软地摆动，随水东西漂流，望那烟云笼水处，美丽贤淑的女子，身姿似纤细柔软的荇菜，令翩翩君子陷入热恋，魂牵梦萦。求之不得啊，寝食难安。隔岸的淑女提裙弯腰，于清凉的河畔，倩影倒映，一双素手拨弄采摘荇菜，浪漫又美丽，君子看得如痴如醉，忍不住奏起琴瑟，鸣钟击鼓，表达爱意，从此鼓乐来贺，携手相伴。

《诗经·关雎》是一首感情诚挚的情歌，写一个贵族青年对淑女的真挚追求。作为《诗经》开篇第一首，它的思想内涵和艺术成就都是非凡和独特的，也体现了编者的独特用意。

《史记》里说《诗》本来有3000多篇，孔子对其进行了编纂，《论语》评："《关雎》乐而不淫，哀而不伤。"孔子认为《关雎》是表现"中庸"之德的典范。将《关雎》放在首篇，体现了其对《诗经》总体立意的评价："诗三百，一言以蔽之，思无邪。"

《毛诗序》又说："是以《关雎》乐得淑女以配君子，忧在进贤，不淫其色，哀窈窕，思贤才，而无伤善之心焉，是《关雎》之义也。"也认为《关雎》具有为后世起到夫妇之德的示范作用，故为"《风》之始"。

将这首诗作为儒家"克己复礼"的典范，是因为主人公身份为"君子"和"淑女"，符合古人的门当户对观念。君子"寤寐思服"却没有做出越矩之事，更非一时兴起，玩弄感情，而是大大方方地以琴瑟鼓乐求取之礼示爱，并表明自己的目的是“好逑”。逑，配偶也，希望心上人做自己的妻子。二人两情相悦，在规范的礼仪之下组成家庭。无论是从人物身份，还是行为上看，都与儒家“风天下而正夫妇”的道德观契合，才有了孔子选此开篇之意。

但是“诗无达诂”，抛却儒家为此诗注入的德行注解，单就全诗文学性而言，也不失为一首纯粹美好的爱情之歌。这种纯粹美好，通过《诗经》独创的艺术手法得以体现得淋漓尽致。

诗中两处比兴，一处借兴雎鸠的关关交欢，比喻男女青年谈情说爱；一处以“参差荇菜，左右流之”比喻窈窕淑女如荇菜柔美的风姿，衬托出佳人身段的曼妙。元代许谦《诗集传名物钞》云：“以荇起兴，取其柔洁。”这图景令青年浮想联翩，夜不能寐。诗中出现的“流之”“采之”“芼之”，似有爱情循序递进的意味，以女子采摘荇菜的身姿，喻君子求爱的心路历程。这种热恋中的心态，逐渐发展为君子“寤寐求之”“辗转反侧”的心理状态，最终梦想成真，与窈窕淑女走入婚姻殿堂，出现“琴瑟友之”“钟鼓乐之”的情景。画面感十足，浪漫氛围溢出字句，委婉含蓄，自然流畅，意境优美。

诗中以“荇菜”作比，那么，荇菜是什么植物呢？

这种植物并不是上古独有，也不“高冷”，如今还能在河水、溪流、城市公园，甚至排水沟中见到。只是很少有人认识，甚至有人说它是一种苋菜，那可以说肯定不对，荇是一种水草，只是现在称它为荇菜。

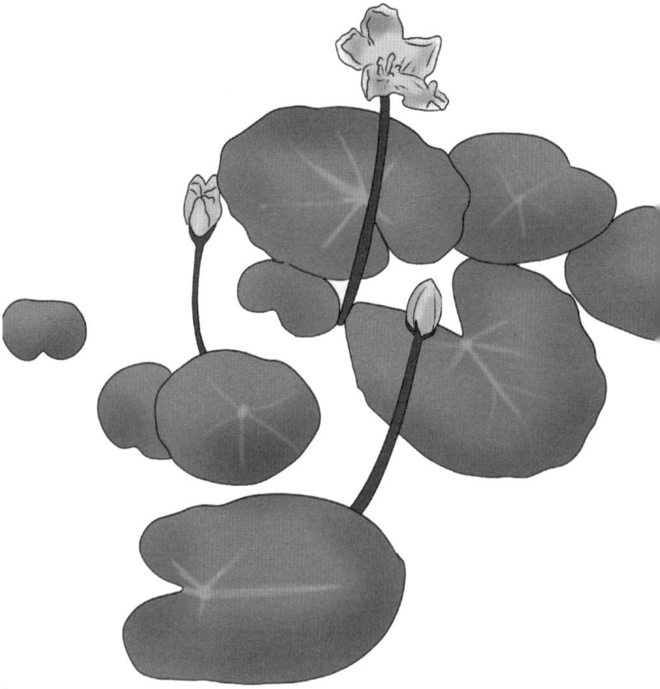

荇菜（孟祥炎 绘）

据陆玑《毛诗草木鱼虫疏》中说："荇，一名接余，白茎，叶紫赤色，正圆，径寸余，浮在水上，根在水底，与水深浅等，大如钗股，上青下白。"

李时珍在《本草纲目》卷 19《莕菜》篇中说："按《尔雅》云：莕，接余也。其叶符。则凫葵当作符葵，古文通用耳。或云，凫喜食之，故称凫葵，亦通。其性滑如葵，其叶颇似莕，故曰葵，曰莕。《诗经》作荇，俗呼荇丝菜。池人谓之莕公须，淮人谓之靥子菜，江东谓之金莲子。

许氏《说文》为之䓀，音恋。《楚辞》谓之屏风，云紫茎屏风文绿波，是矣。”

荇菜为睡菜科、荇菜属多年浅水性水生植物。通常群生，呈单优势群落。根茎生长于水底的泥里，茎枝悬于水中，生出大量不定根，叶和花漂浮在水面。枝条有两种类型，长枝匍匐于水底，如横走茎，就是人们经常说的“飘萍”，短枝从长枝的节处长出。如果，遇到水少干涸的环境，只要还有淤泥，荇菜也能“凑合”，它将茎枝匍匐在泥面上，不断生根，向四周蔓延生长。

荇菜的叶柄长度变化大,叶子为卵形,形状跟睡莲相似,上表面绿色，边缘具有紫黑色斑块，下表面紫色，叶的基部深裂成心形。从水面上望过去，黄绿、嫩绿、深绿色的心形叶面漂浮相撞，好像清澈的湖水借荇菜向人类“比心”，表达爱意。

荇菜的花大而明显，是荇菜属中花形最大的种类，荇菜的花直径约 2.5 ~ 7 厘米，花冠为黄色，分为五个裂片，裂片边缘呈须状，花冠裂片中间有一处明显的皱痕，裂片口两侧有细小的毛。

荇菜花期长，是庭院点缀水景的佳品。5 月到 10 月间，河水湖泊上，荇菜根茎生于水底，枝节悬于水中，圆形的荇菜叶上，一朵朵黄色的小花露出笑脸，娇嫩可人。花与叶交相辉映，漂于水上，重要的是，它有着圆圆的叶子，形状跟睡莲很相似，像缩小版的睡莲。荇菜易生繁盛，用来装点水面很美，还可以净化水质。每朵花开放时间短，仅在上午 9 ~ 12 点，但全株多花，整个花期达 4 个多月。

果实和种子也是荇菜属中较特别的一个种类，蒴果椭圆形，不开裂。有多粒圆形的种子。果实扁平且边缘有刚毛；而同属的其他种类果实为椭圆体，种子则为透镜状。

荇菜因其美丽的观赏性，很受人喜爱。它也是一种蜜源植物。荇菜属植物全世界约有20种，广布于全球温带和热带地区，从欧洲到亚洲的印度、中国、日本、朝鲜、韩国等地区都有它的踪迹。中国有6种。荇菜原产中国，分布广泛，我国南部较多。

中国古人发现了荇菜飘逸的风姿，将那倩影留在历史的文章诗作之中。杜甫在《曲江对雨》诗中有“林花著雨胭脂湿，水荇牵风翠带长”的诗句。王维在《青溪》有“漾漾泛菱荇，澄澄映葭苇”的诗句。温庭筠《南湖》诗曰：“湖上微风入槛凉，翻翻菱荇满回塘。”

异国他乡，荇菜也曾寄托中国人的情思。“软泥上的青荇，油油的在水底招摇；在康河的柔波里，我甘心做一条水草！”24岁的徐志摩即将结束在英国剑桥大学留学的生活，告别康桥，回国开启人生新旅程，荇菜从康河的粼粼波光落入这位新月派诗人的笔尖，在中国现代诗歌史上，留下寻梦撑星辉的感伤。

时至今日，荇菜依然荡漾在城市公园与郊野池塘的水波中，穿越数千年的时间，摇曳着“君子好逑”的模样。君了最终求得那如荇菜般温柔美好的淑女，琴瑟和鸣，鼓乐吹笙。“窈窕淑女，君子好逑”也成为千百年来，文人雅客表达爱意的宣言，流传于口，带着蜜意的甜。

植物小档案

荇菜

Nymphoides peltata

别名：接余、菨余、凫葵、水葵、莕公须等

科名：睡菜科

习性：水生，喜阳

状貌：茎细长圆柱形，柔软而多分枝，节上生根，上部叶对生，下部叶互生，叶片漂浮于水面，卵状圆形，基部深心形，似睡莲而小巧别致，近革质。叶表面光滑，草绿色，叶背带紫色。小花黄色，直径2.5～7厘米，花冠5裂似5瓣，边缘有细齿，有睫毛，花喉部有细毛，花朵挺出水面，花柄较长。

分布：我国除西藏、青海、新疆、甘肃未见分布外，其余各地均有分布。

芦苇与荻

生来为一物，飘摇何相似

蒹葭苍苍，白露为霜。所谓伊人，在水一方。
溯洄从之，道阻且长。溯游从之，宛在水中央。
蒹葭凄凄，白露未晞。所谓伊人，在水之湄。
溯洄从之，道阻且跻。溯游从之，宛在水中坻。
蒹葭采采，白露未已。所谓伊人，在水之涘。
溯洄从之，道阻且右。溯游从之，宛在水中沚。

——《秦风·蒹葭》

扫码获取
· 植物照片
· 本诗注解

深秋露重，天刚破晓，浓重的雾气笼着水岸叫蒹葭的植物，风过处，白花纷飞，逆水行舟，隔水而望，意中之人，在水那一方。

《秦风·蒹葭》描述了这样一幅温婉朦胧的图景。

《诗经》305首，一首《蒹葭》意境最美，被称之为“风神摇曳的绝唱”。这是一位钟情的守望者追求“伊人”的爱情诗。“一切景语皆情语。”这首诗借助“蒹葭苍苍，白露为霜”的缱绻秋景，渲染烘托，把暮秋的景色与人物委婉惆怅的相思交织在一起，情景交融的意境中，无一字情，却处处表露爱而不得、寻而不见的相思之情。

“伊人”为美人，“伊人”也如理想。每当草木摇落，霜花渐浓，这阕来自远古的清唱，总会揉捏着霜的凄冷，在耳畔若有若无地回响。守望者坚定地追寻“伊人”，上下而求索，而这种于霜满苇瘦的秋风里飘荡着绵绵的相思意象，又使全诗具有一种朦胧的美感，生发出韵味无穷的艺术感染力。

诗中所提“蒹葭”为何物?

古代人认为，蒹葭为没长穗的芦苇；现代人认为，蒹为芦，葭为荻。

许多人认为蒹葭就是芦苇，或者认为芦与荻是一种植物，这种认识是错误的。芦与荻虽然有一些相似之处，比如同生水边，同为直杆，开得花颜色形状也相似，但它们是不同的植物。《植物名实图考》点明了两种植物的不同：“强脆而心实者为荻，矛纤而中虚者为苇。”

芦苇（朱嘉豪 绘）

“芦苇萧萧野水黄”

芦苇为禾本目、禾本科、芦竹亚科、芦苇属多年生草本挺水植物。茎秆细、高、直，可长到 1～4 米，杆上有节，节数可达 20 多个。叶鞘下部短，上部长；小穗无毛；内稃两脊粗糙。

芦苇喜水，生命力强，除了森林生境之外，江河湖泽、池塘沟渠沿岸和低湿地，都能留下它的身影。芦花开在秋季，开约黄色的花，空旷的水岸边，如雾、如纱。不加任何修饰，却留白想象。

或许是因为秋风萧瑟，易吹落芦花如雪，有绒白的芦花为逐渐寒凉的秋意，添一抹点缀。伴着西北寒风，芦苇摇摆、碰撞，发出沙沙的声响，意境显得凄凉与孤寂。因此，千百年来，在古人的诗歌中，“秋天的芦苇”意象代表了失意、寂寥、感怀伤时。

唐代白居易有诗《南浦岁暮对酒送王十五归京》云：“风飘细雪落如米，索索萧萧芦苇间。”用米粒形象地描摹芦花的状貌。唐朝刘禹锡的《晚泊牛渚》诗曰：“芦苇晚风起，秋江鳞甲生。残霞忽变色，游雁有余声。戍鼓音响绝，渔家灯火明。无人能咏史，独自月中行。”勾勒出芦苇晚风、残霞变色、远雁哀鸣的景象，一种寂寥、凄清的伤感情调跃然纸上。

素雅与清简，朦胧与诗意，独立和自由，都在芦苇纤细的身躯里。

走近了瞧，芦苇如一条一条拂尘微弯，又如仙鹤飞羽，随时准备乘云而去。远远望去，它又傲然屹立在秋水共长天一色里，如同文人看似柔弱，却挺拔昂然的精神气节，风骨不折。

白洋淀，被称为“芦苇之乡，甲于河北”。这里“川堑渎沟，葭苇丛蔽，兵法谓泉土纵横，天半之地”。现代作家孙犁《白洋淀纪事》写长满茂盛芦苇的白洋淀风景：“春天，芦苇出水，满淀青翠；夏天，绿苇摇曳，菱叶灿灿，荷花吐艳；秋天，芦花纷飞。”芦苇，是白洋淀的标志性植物，更是抗日战争时期人民英勇顽强精神的见证人。

白洋淀为何会长满如此旺盛的芦苇？因其水陆相间，拥有 3700 多条沟壑，浅滩较多，四季分明，气候宜人，正是芦苇最喜欢的生长环境。

芦苇浪漫又实用。古人将芦苇的柔软细茎编织成“葭帘”，茎粗壮柔韧的部分编织成“苇席”。“苇是摇钱树，淀为聚宝盆”“一根芦苇一根金条”是白洋淀家喻户晓的俗语。芦苇浑身都是宝，芦苇的花穗可作扫帚，花絮可填枕，五月的鲜苇叶可用来包粽子，鲜嫩的芦根可熬糖、酿酒，老芦根可入药等。芦苇自身含有大量的纤维，是造纸的理想原料，可代替优质木材。

“枫叶荻花秋瑟瑟”

《卫风·硕人》：“施罛（gū）涉涉（huò huò），鳣鲔（zhān wěi）发发（bō bō），葭菼揭揭。”这是一首卫人赞美卫庄公夫人庄姜的诗歌，此句讲的是庄姜出嫁时的场景，渔网捕鱼声，鱼戏水声，荻叶飘扬声，都在庆祝这一喜庆的场景。其中也提到了“葭”这种植物。

荻为禾本目、禾本科、黍亚科、芒属多年生草本植物。匍匐根状茎，秆直立。

与芦苇不同的是，从高度来看，荻最高长到 1.5 米，而芦苇可以长到 3 米，荻比起芦苇要矮得多。从叶片看，荻的叶片扁平，宽线形，中脉白色粗壮，边缘呈锯齿状，手感粗糙，芦苇叶片是披针状线形。从分布和生长习性来看，荻是中生性，野生于山坡、撂荒多年的农地、古河滩、固定沙丘群及荒芜的低山孤丘上，常常形成大面积的草甸，繁殖力强，耐瘠薄土壤。而芦苇更喜水滩宽阔之地。

荻的生长范围比芦苇广泛，在水边也可生长，隔着水岸，芦苇与荻草交杂，不从细节上分辨，很难看出是两种不同的植物，也难怪人们会产生芦、荻为同一种植物的错误认识。

因为状貌相似，所以在古代诗词中，荻花也常常作为描写秋景的主要意象，渲染出和芦苇相同的秋风萧瑟图景。唐代朱长文有诗《吴兴送梁补阙归朝赋得荻花》：“柳家汀洲孟冬月，云寒水清荻花发。一枝持赠朝天人，愿比蓬莱殿前雪。”其中“柳家汀洲”为咏吴兴之典，出自柳恽曾作《江南曲》：“汀洲采白苹，日落江南春。洞庭有归客，潇湘逢故人。”后世文人，以“柳家汀州”表明友人相聚赠送之意。相送在何时？寒冬初临，寒水波光，荻草发了新花，絮絮飘散，好似雪落，

荻（朱嘉豪 绘）

随手折一枝，汀州聊寄久别人。以荻花送别，礼轻情意重。

著名诗僧皎然笔下的荻花意境开阔，禅意生发。“波上荻花非雪花，风吹撩乱满袈裟。”碧波荡漾处，远望天空，飘散的是荻花，而非雪花，袈裟在身，以风为伴，寥寥几字，勾勒出一幅孟冬荻花飞舞图。

“浔阳江头夜送客，枫叶荻花秋瑟瑟。”出自唐代白居易的《琵琶行·琵琶引》，荻花发出飒飒的声响，秋声瑟瑟，满目一片萧瑟的秋景。

从古诗词中，可以看出，虽然同为秋天开花的植物，但荻与芦在花朵上的不同。提到荻，形容其似雪，说明荻花比芦花颜色上更白，甚至白得发紫，远望可以呈现一片淡紫色，形状上更似融团，而芦花似针芒。

荻也有实用价值，可做纸，可入药，嫩芽可直接食用。

蒹葭采采，白露未已。

所谓伊人，在水之涘。

芦苇韧如丝，荻花白若雪，这两种植物，看似脆弱易折，实则坚韧有用，乃万物的灵长与精华。以蒹葭之名，诞生于千年前的劳动人民之口，温柔浪漫，共同营造出《诗经·秦风》烟雨迷离、追求所爱的美好意境。

植物趣知识

白茅——手如柔荑

有一种与芦苇和荻草长相相近的植物——白茅，被《卫风·硕人》用来形容美人："手如柔荑，肤如凝脂，领如蝤蛴，齿如瓠犀，螓首蛾眉，巧笑倩兮，美目盼兮。"这句诗在许多古风小说里几乎到了被用"烂"的地步。清代姚际恒赞此诗："千古颂美人者，无出其右，是为绝唱。"

《邶风·静女》："自牧归荑，洵美且异。匪女之为美，美人之贻。"牧者郊外田野，归通赠予，荑指茅芽草。古代以赠白茅表示爱意的情物。《召南·野有死麕》："野有死麕，白茅包之。"也是把白茅和猎獐作为情物相送恋人的。像殷番《河岳英灵集》所称道的"山风吹空林，飒飒如有人"（《暮秋山行》）、"长风吹白茅，野火烧枯桑"（《至大梁却寄匡城主人》）等诗句，描绘了诗画的意境。

柔荑即白茅。白茅叶如针，花开是白，用来形容女子的手指细长，皮肤嫩白，形象生动，寥寥几字，一个"十指不沾阳春水"的深闺美人形象跃然纸上。《本草纲目》记载白茅："处处有之。春生芽，布地如针，俗谓之茅针。"可见白茅与芦苇有相似之处，即叶片如针。那么如何区别二者呢?《本草纲目》又载："白茅短小，三四月开白花成穗，结细实。""短小"就是其与芦苇最主要的区别，白茅最高长到30～80厘米，而芦苇的"身高"可是它的5～8倍。

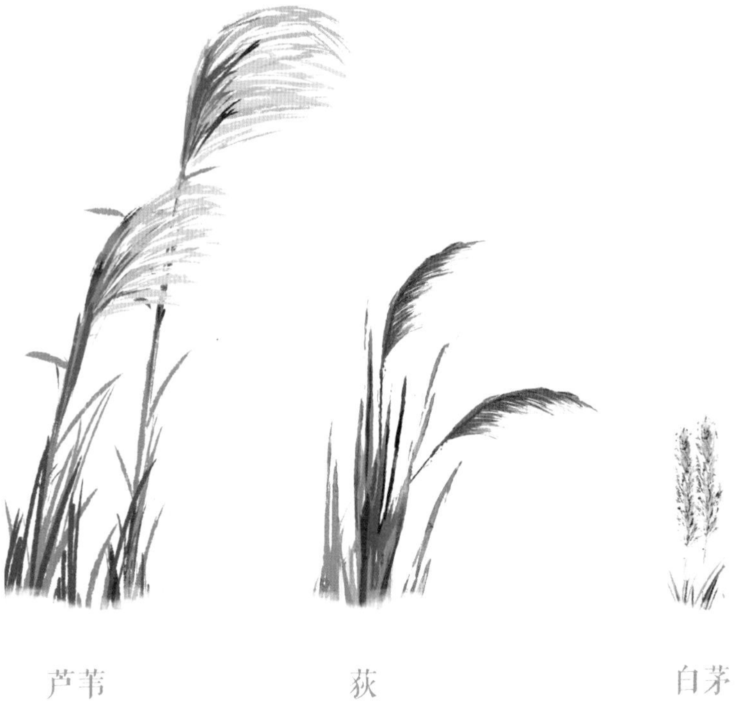

芦苇、荻、白茅比较图（朱嘉豪 绘）

植物小档案

芦苇

Phragmites australis

别名：芦、苇、葭、苇子、葭华等

科名：禾本科

习性：喜温湿

状貌：具粗壮根状茎，茎秆直立，株高1～4米。有叶鞘，叶舌有毛，叶片披针状线形，叶长10～45厘米，宽1～3.5厘米。圆锥花序长10～40厘米，分枝稠密，向斜伸展，小穗有4～7朵小花。

分布：广布于全国。其中以东北的辽河三角洲、松嫩平原、三江平原，内蒙古的呼伦贝尔和锡林郭勒草原，新疆的博斯腾湖、伊犁河谷及塔城—额敏河谷，华北平原的白洋淀等为集中分布地区。

荻

Miscanthus sacchariflorus

别名：荻草、荻子、薍、菼、蒹等

科名：禾本科

习性：喜温湿

状貌：匍匐根状茎，秆直立，高可达1.5米，直径约5毫米，节生柔毛。叶鞘无毛，叶舌短，具纤毛；叶片扁平，宽线形，边缘锯齿状粗糙，基部常收缩成柄，粗壮。圆锥花序疏展成伞房状，主轴无毛，腋间生柔毛，小穗柄顶端稍膨大，小穗线状披针形，成熟后带褐色，基盘具长为小穗2倍的丝状柔毛；顶端膜质长渐尖，边缘和背部有长柔毛；颖果长圆形，8～10月开花结果。

分布：黑龙江、吉林、辽宁、河北、山西、河南、山东、甘肃及陕西等省。

酸模与泽泻

混迹芳草中，孰能辨善恶

彼汾沮洳，言采其莫。彼其之子，美无度。
美无度，殊异乎公路。
彼汾一方，言采其桑。彼其之子，美如英。
美如英，殊异乎公行。
彼汾一曲，言采其荬（xù）。彼其之子，
美如玉。美如玉，殊异乎公族。

——《魏风·汾沮洳》

扫码获取
· 植物照片
· 本诗注解

汾河浩浩荡荡，弯弯曲曲，奔赴东方的朝霞，离河水越近的岸边，一些酸模漂在水面上；河水越弯曲的地方，泽泻越将根深深延展进潮湿的浅滩，茂密丛生；离水岸稍远的地方，一棵一棵桑树伫立在风中，桑叶被风吹得沙沙作响，像是迎接前来采摘它的美男子。男子有多美？美得几乎没有词语可以形容；美得如鲜花，绽放灿烂的生命力；美得如玉，品行高洁。他时而弯腰采摘漂于浅滩的酸模，时而踮着脚伸长手臂采摘桑叶。女子想象心上人忙碌的身影，思念涌上心头。这天下再华贵的王侯公卿也比不上此刻勤劳朴实的爱人。

《诗经·魏风》是“十五国风”之一，今存七篇。《魏风·汾沮洳》分三章，描写了三个场景：“彼汾沮洳，言采其莫”，男子在汾水低湿的地方采摘酸模；“彼汾一方，言采其桑”，男子在汾水岸边采摘桑叶；“彼汾一曲，言采其萎”，男子在汾水河道弯曲的地方采摘泽泻，惯用起兴手法，营造时间和空间转换感。一句“彼其之子”将叙述视角转为女子，再层层递进，侧面描摹出一个在勤劳、质朴的品格加持下，愈显美貌与高尚，使贵公子都黯然失色的普通劳动者中的美男子形象。

在这首诗中，提到了三种植物：莫、桑、萎。莫为酸模，桑是桑树，萎是泽泻。读者对桑树并不陌生，但很少有人知道酸模和泽泻是什么。

“莫笑今来同腐草”

酸模是蓼科，酸模属多年生草本植物。《植物名实图考》卷18《酸模》篇中说：“酸模，陶隐居云，一种极似羊蹄而味醋，呼为酸模，亦疗疹。

酸模（朱嘉豪 绘）

《日华子》始著录。”《本草拾遗》以为即山大黄，引《尔雅》须，蕵芜。郭《注》：“似羊蹄而稍细，味酸可食为证，亦可通。”《食疗本草》又有“莫菜之称，故莫，即今之酸模”。

酸模是一种野菜，如其名，其最大的特点在于“酸”味，所以在先秦时期，嫩叶就被人采摘当作蔬菜食用，古代缺调味料，酸模自带的酸味可以调和口感。因其野生河岸边，采摘便宜，是贫寒之家常吃的菜，而不为贵族所喜，《魏风·汾沮洳》说男子采摘酸模，也侧面交代了男子的身份为普通的劳动人民。炎热的夏季，吃一口酸模，酸脆可口，足以舒缓一天的劳作疲惫。唐宋之后，人民的物质生活极大充裕，豪门贵族吃惯了精细作物，酸模便成了他们偶尔尝鲜的蔬菜，一度“涨了身价”。

宋代张镃出身高贵，为宋南渡名将张俊曾孙刘光世的外孙，又是宋末著名诗词家张炎的曾祖，是张氏家族由武功转向文阶过程中的重要环节。他曾经跟陆游学习作诗，交友广泛，与杨万里、辛弃疾等著名诗人都是好友。他在《蔬饭》一诗中就写到了用酸模做菜：“夜虹照饭光如玉，春瓯饤莫菜肥于肉。”春暖花开的时节，把酸模叶捣碎腌制，入口软嫩，吃上去竟比肥肉多了些滋味。

酸模最高可长到1米。酸模的根茎粗短，常数条根相聚簇生。它的根部与其他的野草有所不同，我们常见的野草根部是肉质的白色，而酸模的根部在切开的时候，可以见到金黄色肉质，这也是用来辨别它的一大特征。它的茎状如今天的芹菜，挺直又有深槽。叶片如箭，呈现上部卵状长圆形，基部箭形，叶顶端急尖或圆钝，长5～15厘米，宽2～5厘米，乍一看，竟有些像菠菜叶，难怪它还有一个别称“野菠菜”。酸模的花序为狭圆锥状，顶生，分枝稀疏；花为单性，雌雄异株，花期在5～7月。瘦果为椭圆形，有三条锐棱，两端尖，长约2毫米，黑褐色，有光泽，果期为6～8月。酸模喜欢阳光，适应性强，在河边、山坡、沟边都可以找到它的身影。

酸模虽不挑剔生长环境，长相也不出众，却因被劳动人民喜爱，而赋予了独特的文化意义，古人在长途旅行中，遇到驿站遥远，饥渴难耐的时候，就在路边寻找酸模，吸吮它的叶子来解渴。它的叶茎富含维生素A、维生素C、维生素E和铜，既解渴又有利于补充体力。酸模叶子能够生吃或作为野菜食用，酸模因含酸性草酸钾及某些酒石酸，故有酸味，有时吃得过多会因草酸含量过多而致中毒，务必小心。如果，旅途中不小心皮肤过敏了，可捣碎酸模叶外敷。因为其水提取物有抗真菌（发癣菌类）作用，可以治皮肤病，内服则解热利大小便。它的根部价值也很珍贵，与上文的羊蹄一样，因为都属蓼科植物，家族很近，所以在农村它的根部也叫做“土大黄”，相信不少人都听说过。

“泽泻池塘灌药畦”

泽泻是泽泻科、泽泻属多年生水生草本植物。

本诗中“言采其藚”的“藚”是现在的东方泽泻，也简称“泽”。

泽泻（朱嘉豪 绘）

《尔雅》记载："蕍（yú），蕮（xiě）。"《注》："今泽泻。"《毛诗草木鱼虫疏》记载："言采其荬，荬，今泽泻也。其叶如车前大，其味也相似。"

东方泽泻块茎近球形，直径一般为 1 ~ 3.5 厘米，大小如同一枚 1 角硬币。不过也有长得很大的东方泽泻，大的达 4.5 厘米，比民国时期的货币"袁大头"还要大一些。外皮浅褐色，有多数须根。从地下随着根须生长出许多叶片，叶片为宽披针形，即叶片较线形为宽，由下部至先端渐次狭尖，至椭圆形，先端短尖，基部为楔形或心形，长 3 ~ 11 厘米，宽 1.3 ~ 6.8 厘米，叶脉 5 ~ 7 条。瘦果为椭圆形，扁平。种子为矩圆形，呈现深紫色。

东方泽泻的花很美，花茎高 1 米，花瓣为白色，只有 2 ~ 3 毫米大小，花被（花萼和花冠）3 枚。白色的小花三三两两，被翠绿色的椭圆形叶片包裹，如绿洲上的星点微光，闪耀着纯净的希望力量。东方泽泻喜欢潮湿的地方，在湖泊、河湾、溪流、水塘的浅水带，甚至沼泽也能寻到它的身姿。它在泥潭沼泽中，静静地开花，结果，被人发现，摘取入药。它一生安静无语，又偏偏利于人的身心，谁能说它是野草，不如庙堂芳华呢？

"泽泻"因此也备受屈原喜爱，多次在他的作品中"出镜"。《九章·惜往日》云："芳与泽其杂糅兮，孰申旦而别之。"用东方泽泻作比，芳草与泽泻混生在一起，又有谁去日夜不止地辨别它们呢？暗喻楚王善恶不辨，忠奸不分。在《思美人》中也有"芳与泽其杂糅兮，羌芳华自中出”的诗句。

如果说酸模最广泛的用途是当作蔬菜食用，那么东方泽泻则是上千年前，就被古人发现了药用价值，并认为是中药中的上品，列入了各类药典。

中医四大经典著作之一，汉代的《神农本草经》作为现存最早的中药学著作约起源于神农氏，代代口耳相传，于东汉时期集结整理成书，其“上经”记载：“泽泻主风寒湿痹，乳难消水，养五脏，益气力，肥健。久服耳目聪明，不饥，延年轻身，面生光，能行水上。一名水泻，一名芒芋，一名鹄泻。生池泽。”李时珍《本草纲目》说：“去水曰泻，如泽水之泻也。禹能治水，故曰禹孙。”

简单地说，东方泽泻的中药价值是利尿清热，被誉为利水第一佳品。大家熟悉的六味地黄丸的一剂配方就是东方泽泻。药典所记载的语言专业、晦涩，不容易被普通人理解，但在《神农本草经》中看到东方泽泻的记载，说明它作为“中药”的身份已经可以追溯到上古时期了。近来中医用东方泽泻配伍治疗高血脂症，泽泻利水渗湿，可化浊降脂，常用于治疗高血脂症，可与决明子、荷叶、何首乌等药同用。

那汾河边思念的男子啊，日夜忙碌地采摘泽泻、酸模，在生活最本质的苦乐中，怡然自得。他的高贵品质被少女永怀心上，她在等汾河水暖，等心上人携聘礼上门，等一世相随。

植物趣知识

桑——嫘祖始蚕

我国是世界上种桑养蚕最早的国家。种桑养蚕也是中华民族对人类文明的伟大贡献之一。中国神话中，已有“嫘祖始蚕”的故事。嫘祖发明了养蚕、缫丝和织绸技术，被后人奉为“先蚕”圣母。蚕以吃桑叶为生，桑叶供给充足，才能给养蚕提供基础，可知在上古时期，桑与人类生活息息相关。在商代，甲骨文中已出现桑、蚕、丝、帛等字形。到了周代，采桑养蚕已是常见农活。春秋战国时期，桑树已成片栽植。

《魏风》有“彼汾一方，言采其桑”的诗句。汉乐府名篇《陌上桑》讲述了一个贵族官僚“使君”调戏民间采桑女的故事。“罗敷喜（善）蚕桑，采桑城南隅。”文学来源于生活，最古老的民间诗歌中，桑树频繁可见，便知桑与中国漫长的历史情缘。

桑树是桑科、桑属植物，茎高3～7米，有的可高达15米。树皮黄褐色。叶子有序排列在茎上，叶片卵形至宽卵形，长5～15厘米，宽5～11厘米，叶端尖，叶基圆形或浅心脏形，边缘有粗锯齿，有时有不规则的分裂。叶缘有粗锯齿，叶面有光泽。雌雄异株，花黄色，花被4枚，雄花柔荑花序，雌花穗状花序。聚花果卵圆形或圆柱形，即桑葚，黑紫色或白色。

植物小档案

酸模

Rumex acetosa

别名：牛舌头、山羊蹄、醋醋流、酸不溜、野菠菜等

科名：蓼科

习性：喜阴

状貌：茎高30～80厘米，有酸味。主根粗短，有数个须根，断面黄色。茎直立，不分枝。叶片卵状长圆形，长5～15厘米，宽2～5厘米，先端钝或尖，基部箭形，全缘；茎上部的叶窄小，披针形，无柄。花序窄圆锥状，顶生；花单性异株，花被6片，椭圆形，成2轮，淡红色。瘦果椭圆形，有3棱，暗褐色，有光泽。

分布：全国各地。

东方泽泻

Alisma orientale

别名：水蕮、及泻、牛脣（同『唇』）、泽芝、芒芋等

科名：泽泻科

习性：喜湿

状貌：块茎近球形，直径一般为1～3.5厘米，最大的直径可达4.5厘米。外皮浅褐色，有多数须根。挺水叶片直接从地下的根状茎生长出来，叶片形状宽披针形至椭圆形，先端短尖，基部楔形或心形，长3～11厘米，宽1.3～6.8厘米，叶脉5～7条。花茎高1米，花集生成轮生状圆锥花序。花瓣白色，花被3枚。瘦果椭圆形，扁平。种子矩圆形，深紫色。

分布：全国各地区。

狼尾草

向阳野生的快乐

冽彼下泉，浸彼苞稂（láng）。忾我寤叹，念彼周京。

冽彼下泉，浸彼苞萧。忾我寤叹，念彼京周。

冽彼下泉，浸彼苞蓍（shī）。忾我寤叹，念彼京师。

芃芃黍苗，阴雨膏之。四国有王，郇（xún）伯劳之。

——《曹风·下泉》

扫码获取

· 植物照片

· 本诗注解

寒泉水冷，浸淹野草，睡醒之后，周敬王王子匄（gài）有一瞬间不知此身在何处，回忆反复拉扯，才惊觉周朝内乱已起，此时正在下泉这个地方。想彼年镐京国力鼎盛，田地里麦苗繁盛，粮食充足，风调雨顺，家国安康，也曾有四海诸国的王前来朝拜，好一番大国盛景。如今，强盛的周王朝让他日夜怀念，镐京繁华景令他屡屡想重回，京师种种，譬如昨日，令人难以忘怀。

《诗经·曹风》乃“十五国风”之一，《曹风·下泉》讲述的是周王室发生内乱，周敬王王子匄在称王之前，住在下泉，思念京师王朝的安危。但也有另一种解读来自《毛诗序》：“《下泉》，思治也。曹人疾共公侵刻下民，不得其所，忧而思明王贤伯也。”意思是，这首诗的主人公不是王子匄，而是曹人，怀念的也不是曾经鼎盛的周王城，而是因痛恨统治者的暴虐，而借怀念周王朝之喻祈盼明君圣主。无论诗本意如何,这首诗在艺术手法上都堪称一绝,前三章的前两句,借景起兴,只换了“稂”“萧”“蓍”三个字，“冽”，冷也，“稂”“萧”“蓍”都是野草，“稂”是狼尾草，“萧”是牛尾蒿，“蓍”是一种陆生野草。冷水，野草，营造出萧条衰败之景，后两句从怀念周王朝，到怀念周朝都城镐京,再到怀念京城具体地点,以大入小,情感层层递进,今昔对比,更显今日之悲。而最后一章，忽然转折，具体描写了周王朝当年盛景，交代怀念的原因，更以喜景衬悲情。

“野草烧不尽，春风吹又生。”唐代诗人白居易当年写《赋得古原草送别》这首诗的时候，是否能想到春秋时期的《诗经》里已经有他这般相似的情感了呢？

而《下泉》诗中的重要意象“稂”又是何种植物呢？

诗中的“稂”，即狼尾草，非水草。陆玑《毛诗草木鸟兽虫鱼疏》云：“禾秀为穗而不成，崩嶷然，谓之童梁。今人谓之宿田翁，或谓宿田也。《大田》云‘不稂不莠’。《外传》曰‘马不过稂莠’，皆是也。”《本草纲目》

狼尾草（朱嘉豪 绘）

卷23《狼尾草》篇中说：“‘释名’稂、董、蓈、狼茅、孟、宿田翁、守田‘时珍曰’狼尾，其穗象形也。秀而不成，嶌然在田，故有宿田、守田之称。”

狼尾草是禾本目、禾本科、狼尾草属植物。须根壮而坚韧。像所有野草一样，它必须有极强的生命力，才能保证在恶劣环境下自身的存活。它们常常面对怎样的恶劣环境呢？土壤或者干旱缺水，或者又因连阴雨而洪涝潮湿，或者面临极寒天气，等等，狼尾草的须根粗壮坚韧，意味着它们能够从更深的地下汲取水分、养分，从而供给茎叶。因此，恶劣环境没能消磨它们的生命力，它们向严酷的自然环境发出挑战，越挫越勇，似乎有种“越不让我活，我便活得越畅快”的生命理想。它们喜好光照充足的生长环境，又耐旱、耐湿，亦能耐半阴，甚至抗寒性强。

狼尾草的秆直立，从生，高30～100厘米。花序呈圆锥形长条穗状，呈现淡绿色或淡紫色，花序以下常长满了细密的柔毛。也许是它们也有些成长的烦恼，所以被花果压弯了些脊梁，常弯向一侧，好像狼的尾巴。叶鞘光滑，叶片长15～80厘米，宽0.3～0.8厘米，通常向内卷起。夏秋季为花果期，颖果扁平长圆形。

可人们不喜欢身为野草的狼尾草，它们旺盛的生命力太过耀眼，侵占了农田粮食作物的生存环境，遮掩了温室中的名贵植物的身份，“野”便带着蛮横的意味，它们蛮横的生长伤害了农田，因此农户要除草以种田，唐代元稹《说剑》有：“曾经铸农器，利用翦稂莠。”唐代舒元舆《坊州按狱》有：“去恶犹农夫，稂莠须耘耨。”“野”也意味着不入流，特立独行通常不为人所喜爱，因此人们便从情感上对狼尾草生出了坏的、恶劣的偏见，以“稂莠”用来形容坏的人或事物，清代唐孙华《国学进士题名碑》：“流品澄清官序肃，稂莠不许侵嘉禾。”

上面这首诗中提到“稂莠”，“稂”为狼尾草，那么“莠”是什么呢？《本草纲目》记载：“莠草秀而不实，故字从秀。穗形象狗尾，故俗名狗尾。”莠是狗尾草，因穗像狗尾而得名，与狼尾草一样，耐干旱、贫瘠、盐碱地，生存力极强，是田间杂草，因危害农作物生长而需要定期清除。因为它们生存环境相似，生命力也一样顽强，甚至长相也多有相似，经常被误认，并称。

狼尾草何辜？它们只是纵情肆意地活一个乐逍遥而已，不仅被人类“除之而后快”，还常常被人当做狗尾草。

那么，怎么分辨狼尾草和狗尾草呢？

《毛诗故训传》（简称《毛传》）云：“稂，童粱也。莠，似苗也。”狼尾草比狗尾草的韧性更强。从“身高”上看，狼尾草株型较高，最高可达 1 米，狗尾草则较矮，最高只能长到 60 厘米。这种相差 40 厘米的“最萌身高差”放在一起对比更为明显。

从叶子上看，狼尾草的叶子更整齐，上下一致呈线形，长而稍窄，狗尾草的叶子不太整齐，上下不一致，条状披针形，较扁平，短而稍宽。

从刚毛上看，狼尾草的刚毛多为紫色，刚毛长 1 ~ 1.5 厘米，而狗尾草则多为绿色或黄褐色，刚毛长 0.4 ~ 1 厘米。

从花序上看，狼尾草的花序较长，长度约为 25 厘米，质地也更坚硬，像化学实验中的试管刷，用手触摸会有一点点粗糙的疼痛感。狗尾草花序较短，且质地柔软，摸上去更像绒毛。也因为这个特性，小孩子们经常会采摘狗尾草编成各种小动物形状当玩具。用狗尾草编成的小动物毛茸茸的，活灵活现。而狼尾草则不易编作手工，因为会扎手，也易折断。

想当年，钟鸣鼎食，万国来朝；念如今，蛛丝儿结满雕梁，狼尾草铺满了屋前屋后，荒井冷水，真好似大梦一场空。

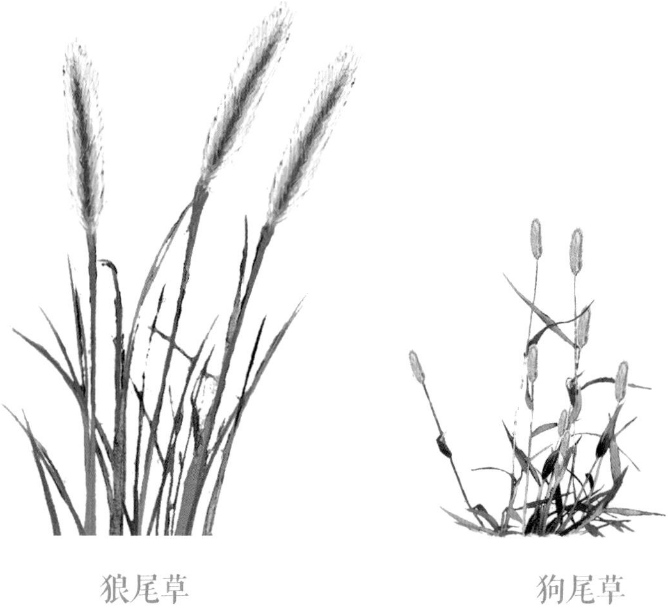

狼尾草、狗尾草比较图（朱嘉豪 绘）

植物趣知识

蓍 ——『揲蓍画卦』

《曹风·下泉》："冽彼下泉，浸彼苞蓍。"蓍，又称蓍草、丛蓍、蓍、蜈蚣草、飞天蜈蚣、乱头发、土一支蒿、羽衣草、千条蜈蚣、锯草等。

蓍草常和算命卜卦连在一起。《博物志》说："蓍千岁而三百茎，故知吉凶。"相传它能生长几千年，是草本植物中生长时间最长的一种，因此，古人相信用这种草占卜有加持通灵的作用。传说中，伏羲氏就是用蓍草画八卦的，称为"揲蓍画卦"。这种算卦的方法是《易经》六十四卦中唯一流传下来的。《周易·系辞上》中论述古易揲蓍草取卦时提到："大衍之数五十，其用四十有九。"中国人用它来预知天命，以此求得心理安慰，远在大洋彼岸的苏格兰人也用它做护身符或幸运符。中西文化无形中通过蓍草取得了某种巧合的共鸣。

它是多年生草本植物，具短根状茎。茎直立，高30～90厘米，有棱条，被伏柔毛，常簇生多茎，上部有分枝。叶互生，叶条状披针形，长6～10厘米，宽7～15毫米，栉齿状羽状深裂，裂片线形，两面生长柔毛，下部叶花期常枯萎。头状花序多数，集生成伞房状，总苞钟形，总苞片3层，覆瓦状排列，边缘舌状花，雌性，5～11朵，白色；中心管状花，两性，白色。瘦果扁平，宽倒披针形，种子有翅。蓍一般生于山坡草地或灌丛中，适应性很强。

植物小档案

狼尾草

Pennisetum alopecuroides

别名：大狗尾草、大光明草、韧丝草、守田等

科名：禾本科

习性：耐旱，耐湿，喜阳，耐寒

状貌：须根壮而韧。秆直立，丛生，高30～100厘米。花序以下常密生柔毛。叶鞘光滑，叶片长15～80厘米，宽0.3～0.8厘米，通常内卷。穗状圆锥花序长，常弯向一侧呈狼尾状，5～25厘米。颖果扁平长圆形。

分布：全国各地。

狗尾草

Setaria viridis

别名：光明草、阿罗汉草、狗尾半支、谷莠子等。

科名：禾本科

习性：喜温湿，耐瘠薄

状貌：根为须状，秆直立或基部膝曲，高30～100厘米。叶条状披针形，叶片扁平，长5～30厘米，宽0.5～1.5厘米，叶鞘松弛，无毛或疏具柔毛或疣毛，边缘具有较长的密绵毛状纤毛。圆锥花序呈圆柱状，穗形像狗尾，直立或稍弯垂，刚毛绿色或变紫色。

分布：全国各地。

假贝母

中国特有，解忧良草

陟彼阿丘，言采其蝱（méng）。女子善怀，
亦各有行。许人尤之，众樨且狂。
我行其野，芃芃其麦。控于大邦，谁因谁极？
大夫君子，无我有尤。百尔所思，不如我所之。
——《鄘风·载驰》节选

扫码获取
· 植物照片
· 本诗注解

公元前660年，北方狄族入侵，卫国被灭，卫懿公（卫侯）死于乱军之中,国民遭到大批杀戮。已嫁到许国的许穆夫人惊闻此变,驰马回国,奈何家乡路途遥远，还未赶到漕邑（今河南滑县附近），就被丈夫许穆公派来的许国大夫追踪拦截住了。她悲痛，她也憎恨。国破父亡之痛，不能亲往卫国吊唁之憾，许穆公派人拦截之恨，交杂在一起，她只能择一高冈，向着家的方向远望，白云悠悠，望不见战火硝烟，只好采集假贝母解愁肠。女子多愁善感，只是心中各有主张，许国大夫责怪她擅自回国，她更愤怒许国诸人的幼稚张狂。可纵使千般阻挠，她也要穷尽求救之事，有信心回国献上救卫之策。

《鄘风·载驰》是《诗经》中为数不多，有明确作者的诗作。作者是许穆夫人。《毛诗序》说："《载驰》，许穆夫人作也。闵其宗国颠覆，自伤不能救也。卫懿公为狄人所灭。国人分散，露于漕邑，许穆夫人闵卫之亡，伤许之小，力不能救，思归唁其兄，又义不得，故赋是诗也。"许穆夫人（约前690—前656），姬姓。生于卫国都城朝歌定昌，嫁给许穆公，卒于许国。她是中国文学史上见于记载的第一位女诗人，也是世界文学史上见于记载的第一位女诗人。她的存诗三篇（《鄘风·载驰》《邶风·泉水》《卫风·竹竿》），均收于《诗经》。

《载驰》这首诗分四章，以现实主义精神，层层深入，先交代卫国被灭之事，继而表达自己千里奔驰，急于回国之心，再遇阻拦，无奈登高抒怀，最后抒发强烈的爱国情感。"许人尤之，众穉且狂"一句中，尤是责怪之意，穉是幼稚之意。不能归国，还被许国的人责怪，许穆夫人怨愤许国来拦截她的人幼稚而发出“百尔所思，不如我所之”的感慨：“你们许国的群臣反复讨论了百十种驰援卫国的办法，都不如我所持有的妙计。”全诗戛然而止在“百尔所思，不如我所之”这一句上，表现了许穆夫人的自信心和巾帼不让须眉的气度，更有对阻挠她回国的许国诸人的蔑视。清代牛运震《诗志》评此诗：“控于大邦，以报亡国之仇，此一篇本意。妙在于卒章说出，而前则吞吐摇曳，后则低回缭绕。笔底言下，真有千百折也。”表现了这首诗极高的叙事性和艺术性。

当许穆夫人归国不得时，她选择了采“蝱”解忧。蝱，一种名叫假贝母的植物。似乎古人在诸多植物中，偏爱用假贝母解忧，宋代何梦桂《次山房韵古意四首其一》也有诗云：“采蝱解我忧，忧思谁察识。”

《植物名实图考编》卷6《贝母》篇中说：“《诗经》言采其蝱，陆玑《毛诗鸟兽草木虫鱼疏》：‘蝱，今药草贝母也。其叶如栝楼而细小。其子在根下，如芋子，正白，四方连累相著，有分解也。’”又：“《诗》言采其蝱。”《毛诗故训传》曰：“蝱，贝母。《释草》《说文》作莔，莔正字，蝱，假借字也。根下子如聚小贝。”这里说的“蝱”，即今之假贝母。

假贝母为我国特有植物，属攀援状蔓性草本植物。其块茎肥厚，肉质，乳白色。茎为草质，茎秆软而无力，因此需要攀附在阴面的山坡、石块等物体上生长，它们渴望阳光的方式是接近土壤，它们无法像其他木质茎植物一样，拥有向上生长的力量。可它们还是慢慢攀爬着，生出单一或分叉的卷须，纤细的枝的表面具有棱和沟，蜿蜒而行。

假贝母（朱嘉豪 绘）

假贝母的叶子交互而生，叶片长 4 ～ 11 厘米，宽 3 ～ 10 厘米，有侧裂片，长得卵状长圆形，叶尖较短而尖锐，中间裂片长得圆状披针形，叶尖宽扁较圆润。花苞子房近球形，有疣状突起，长在纤细的花梗上，如一颗颗绿色的珍珠，一些黄绿色的小花悄无声息地开在阳光下，花瓣如卵状，沿花瓣的顶端又逐渐变细，将花瓣拉出长丝状尾。扒开草丛，便看到交杂其间的假贝母碎花，如果植物世界是宇宙的话，假贝母如同绿色宇宙中绽放的点滴星光，长丝状的花瓣如同星光散发出的光影，绰约可爱。假贝母的果实呈现圆柱状。

川贝母（朱嘉豪 绘）

别看假贝母长得纤弱不起眼，它可是一味良药，干燥后的假贝母块茎可以入药，呈现不规则块状，多角形或三角形，中部宽阔，高0.5 ~ 1.5厘米，直径0.7 ~ 2厘米，表面暗棕色或浅红棕色，呈半透明样，凹凸不平，有皱纹，腹面有一纵凹沟。可能有人疑惑，这种植物叫假贝母，那是不是还有一种真贝母呢？

真贝母和假贝母有什么区别呢？

两者属于不同的科。真贝母是百合科植物贝母。假贝母是葫芦科植物贝母。

从科属不同就可以看出，二者的形态有很大的区别。以真贝母中的川贝母为例，从茎上看，真贝母的茎直立，不需要攀附任何物体，假贝母的茎是草质藤本，也就是具有攀延性。从花上看，真贝母的花像百合花，假贝母则开带长丝的卵状黄绿色的花。假贝母的叶片为掌状有五个深裂，真贝母的叶片是狭长矩圆形至宽条形，叶面上有平行叶脉。此外，真贝母的形态还有鳞茎扁球形，如聚小贝，形状类百合，呈类圆锥形或近球形，外层鳞叶两瓣，大小悬殊，大瓣紧抱小瓣，未抱部分呈新月形，俗称“怀中抱月”，一侧有一纵沟。

以假贝母遥寄忧思，许穆夫人归家之心跃然纸上。植物何以解忧？或许，它们连自己的命运都无法主宰，更何以承担人类的重负。

植物小档案

假贝母

Bolbostemma paniculatum

别名：土贝、草贝母、土贝母、大贝母等。

科名：葫芦科

习性：喜阴

状貌：块茎肥厚，肉质，乳白色。茎草质，有卷须，单一或分叉，枝具棱沟。叶互生，叶片掌状5深裂，长4～11厘米，宽3～10厘米，侧裂片卵状长圆形，急尖，中间裂片长圆状披针形，渐尖。花雌雄异株。疏散的圆锥状花序，长4～10厘米，花梗纤细，花黄绿色，花萼与花冠相似，裂片卵状披针形，顶端具长丝状尾。子房近球形，有疣状突起，果实圆柱状。种子卵状菱形，暗褐色。

分布：河北、山东、河南、山西、陕西、甘肃，四川东部和南部，湖南西北部。

川贝母

Fritillaria cirrhosa

别名：真贝母、川贝、黄虻、空草等

科名：百合科

习性：喜荫凉，耐寒，喜湿，怕高湿

状貌：鳞茎粗1～1.5厘米，由3～4枚肥厚的鳞茎瓣组成。茎高20～45厘米。最下部2叶对生，狭长矩圆形至宽条形，钝头，长4～6厘米，宽0.4～1.2厘米，其余的3～5枚轮生或2枚对生，稀互生。狭长矩圆形至宽条形，渐尖，顶端多少卷曲，长6～10厘米，宽0.3～0.6厘米，最上部具3枚轮生的叶状苞片，条形，顶端卷曲，长5～9厘米，宽2～4毫米，单花顶生，俯垂，钟状；花被6片，长3.5～4.5厘米，绿黄色至黄色，具脉纹和紫色方格斑纹，基部上方具内陷的蜜腺。

分布：西藏、云南、四川海拔3200～4200米山地。也见于甘肃、青海、宁夏、陕西秦岭和山西山区。

榆与麻栎

自然无为，长寿绵延

东门之枌（fén），宛丘之栩（xǔ）。子仲之子，婆娑其下。
榖（gǔ）旦于差，南方之原。不绩其麻，市也婆娑。
榖旦于逝，越以鬷（zōng）迈。视尔如荍（qiáo），贻我握椒。

——《陈风·东门之枌》

扫码获取
· 植物照片
· 本诗注解

城东门外，某一段美妙的好时光，微风拂过白榆树叶，郁郁葱葱的柞树林边，子仲家的姑娘舞姿翩翩。榖旦，这个上古时期的良辰吉日，人们同往南方平坦开阔的地方去祭祀狂欢。门前纺织的姑娘放下手里的麻线,也加入了舞蹈的队列中。年轻小伙和美丽的姑娘,情愫往来已多日，趁此良辰美景，互换信物，豆蔻女子如荆葵花，含羞半低头，笼袖送情郎一束花椒，就此许下一生相伴的誓言。

《诗经》“郑卫之风”通常被认为是“淫”，诟病郑国、卫国的风俗浮华淫靡。比如清代魏源的《江南吟》之一：“城中奢淫过郑卫，城外艰苦逾唐魏。”有此印象，多半因为郑卫之音的开放思想和旋律与秦汉以后儒家推崇的纯正雅正之音相悖，如今来看，以“发乎情，止乎礼”的儒家理学思想去评判上古民风，多少有些偏颇。

这首《陈风·东门之枌》就是一首描写男女爱情的情歌。余冠英《诗经选》云：“这是男女慕悦的诗。”它反映了陈国当时尚存的一种开化的社会风俗，男女交往频繁，聚会舞蹈，大胆表白，此后千年，就连那些最鼎盛的封建王朝时期，都不会再见到如此篇描摹得这般开明欢唱的社会图景。榖旦为良辰、好日子。王先谦《诗三家义集疏》：“榖旦，犹言良辰也。”鬷，为会聚、聚集，一说数次、多次。朱熹《诗集传》曰：“此男女聚会歌舞，而赋其事以相乐也。”本诗第二章“南方之原”应是良辰吉日的祭祀地点，所以男男女女自家门而出，唱跳而往，上古的祭祀日很多，比如丰收日、驱傩、火把日、男女定情等，现在已经不知道这首诗中的他们在祭祀什么节日了，但可以猜测，多半是类似后来的七夕乞巧等爱情的节日吧。在这种节日氛围中，男女青年们互诉衷肠，互赠礼物用以定情。

这首诗中，东门外提到城东门外和宛丘，这两个地方种着两种树——枌和栩。枌即榆树，栩即柞树。

"榆英相催不知数"

榆树，《本草经》曹元宇辑注："榆古时为多数树木之总名，陆玑云：'榆有十种，叶皆相似，皮及木理异尔。'《尔雅》释榆者三，一曰蘬茎（ōu chí），郭注：'今之刺榆，《疏》《诗·唐风·山有枢》是也。'一曰无姑，其实夷，郭注：'无姑，姑榆也。'生山中，叶圆而厚，所谓芜荑是也。一曰榆，白枌，《疏》《诗·陈风》：'东门之枌是也'。"这里把刺榆、姑榆、白枌这几种榆树讲得很清楚。

榆树在古代是许多树木的总称，陆玑认为榆树有十种，叶子都很相似，但是树皮和树干纹理质地不同。《尔雅》认为榆树其中有三种，一种是蘬茎（刺榆），一种是无姑（姑榆），还有一种是白枌，即本诗中的"东门之枌"。

榆树是榆科、榆属的落叶乔木。茎可高达20米。树皮呈现深灰色，摸上去手感粗糙，凑近了观察，可以看见不规则的纵沟裂。一棵榆树向下扎根，向上长生，粗壮的树干积攒着抗争风霜刀剑的勇气，从春到冬，岁月磨糙了它的树干，那些沟壑仿佛人生一场经历，细数过多少艰难险阻的时刻。榆树单叶互生，以椭圆状卵形或者椭圆状披针形着生在茎上，

榆树（朱嘉豪 绘）

按一定次序排列，像懂礼貌遵守秩序的小朋友，排成紧密有序的一队一队。叶片长 2 ~ 8 厘米，宽 2 ~ 2.5 厘米，边缘多呈现单锯齿的形状。

不同于其他树先长出叶子然后才开花，榆树是先开花后长叶子。一到春季，最先看到开花的树是榆树，当其他树还在努力长叶子的时候，榆树却悄然长满了花儿，一簇一簇，长条扫把状，没有花瓣，只有紫褐色的花蕊，小小的花像好奇的小丫头，在树杈间探头探脑，人们说这种不起眼的小花儿会长成榆钱儿，待榆钱儿把这春意看尽，枝丫便悄悄长出小小的叶子来。花与叶，你方唱罢我登场，生怕落下一春一夏的良辰美景。

二十世纪四十年代，战乱频仍，普通家庭缺吃少穿，一时闹了春荒，榆树又刚好率先长出榆钱儿，大人们便拿镰刀绑上竹竿，爬上树勾榆钱儿。收集许多榆钱儿后，坐在树下摘干净榆钱儿，再拿一个筛子，仔细地过滤掉细小的枝杈叶片，用清水洗干净，在锅里加上水，待水烧开，便将榆钱儿放进热水里滚烫一遍，拌上一点点珍贵的面粉，上锅蒸着吃。这种做法有点像如今北方的“麦饭”。榆钱儿散发着浅浅的花香，吃得人满嘴余香，竟比山珍海味更香甜顶饱。

今陕西省咸阳市永寿县甘井镇境内有棵古榆树，树高近 20 米，树粗 6.71 米，主干粗大，其树身 7 人合抱才能围绕。该树龄距今已有 1600 余年。全国范围内仅有四棵寿星榆，被专家称为林木中的活化石。

有榆树的地方，似乎总带着春意，带着希望，也带着纯粹的快乐。榆树在陶渊明的《归园田居》（其一）中更显恬静，令人向往。“少无适俗韵，性本爱丘山。误落尘网中，一去三十年。羁鸟恋旧林，池鱼思故渊。开荒南野际，守拙归园田。方宅十余亩，草屋八九间。榆柳荫后檐，桃李罗堂前。暧暧远人村，依依墟里烟。狗吠深巷中，鸡鸣桑树颠。户庭无尘杂，虚室有余闲。久在樊笼里，复得返自然。”这是多么美好的田园生活！

“秋来野火烧栎林”

本诗中有“宛丘之栩”,《唐风·鸨羽》第一章也有栎树“出镜”:“肃肃鸨羽，集于苞栩。”栩与栎异名而同物。栩指栎树，也称麻栎、橡树、青刚等。《毛传》记载：“栎，木也。”《植物名实图考》卷17《橡栗》篇中说：“严粲云：柞，栎也。即《唐风·鸨羽》所谓栩也。据陆氏释柞棫与《唐风》集于苞栩，《秦风》山有苞栎耳。”

麻栎是壳斗科、栎属的落叶乔木，树形高大，树冠伸展，浓荫葱郁，具有深根性且根系发达，多生长在山区，适应性强，耐干旱瘠薄。《本草纲目》记载：“四五月开花如栗，花黄色。结实如荔枝核而有尖。其蒂有斗，包其半截。其仁如老莲肉，山人俭岁采以为饭，或捣浸取粉食，丰年可以肥猪。北人亦种之。其木高二三丈，坚实而重，有斑文点点。”

根据《本草纲目》的记载，麻栎四五月开黄色的花穗，果实很像荔枝核，带尖。在饥荒之年，山里的人采摘麻栎的果仁用来充饥；在丰年，便捣碎果仁取粉用来喂猪。麻栎树可长到20～25米。暗灰色的树皮上有浅浅的纵裂，幼枝上密生黄色绒毛。叶子呈圆状被针形，叶子长9～16厘米，宽3～4.5厘米，叶子最前端或为渐尖或急尖，叶子靠近茎的基部为圆形或阔楔形，边缘有刺状锯齿，幼时有黄色短绒毛，成年后脱落，叶柄长2～3厘米。麻栎有两种变种：生长于中国河北（秦皇岛、北戴河）、河南（太行山、伏牛山）、山东（泰山、崂山等地）的北方麻栎；生长于中国山东牟平昆嵛山的扁果麻栎，被当地人称为“关东青”。

麻栎（朱嘉豪 绘）

古代诗人偏爱以麻栎做诗歌的重要意象。如李贺的《感讽五首》：“长安夜半秋，风前几人老。低迷黄昏径，袅袅青栎道。”秋夜长安，风雨如晦，多少灵魂飘散不知归路，黄昏渐近，天色渐暗，冷清的终南山间小径，只有两旁无声伫立的栎树，为它们送行。此外，还有唐代张籍的《樵客吟》：“秋来野火烧栎林，枝柯已枯堪采取。”唐代许浑的《访别韦隐居不值》：“栎坞炭烟晴过岭，蓼村渔火夜移湾。”

如果说榆树是优良材用树，可以做建筑材料。那么，麻栎的用途更广。《本草纲目》记载：“大者可作柱栋，小者可为薪炭。”而且，它在当代，还可以作为行道树绿化城市。

看那舞姿翩然的姑娘，在榆树和麻栎之下，大胆表达爱意；看那俊朗挺拔的小伙子，悄悄欢喜，珍藏一束花椒之喜。爱情，经千年，存字间，仍动人。

植物趣知识

花椒——椒房之宠

花椒,《诗经》中的常见植物。不仅出现在本诗中,还有《唐风·椒聊》:“椒聊之实,蕃衍盈升。”《集传》记载:“椒,树。似茱萸,有针刺。其实味辛而香烈。”

花椒味道辛辣香烈,古人认为这种香气可辟邪,《汉书·官仪》记载:“皇后以椒涂壁和椒房,取其温也。”班固《西都赋》记载:“后宫则有掖庭椒房,后妃之室。”意思是皇帝的妻妾用花椒泥涂墙壁,谓之椒房,希望皇子们能像花椒树一样旺盛,多子多孙,便有了“椒房之宠”一词。

《植物名实图考长编》卷20《秦椒》篇中说:“《诗经》:‘椒聊之实。’陆玑《疏》云:‘椒聊,聊语助也,椒树似茱萸,有针刺,叶坚而滑泽,蜀人做茶,吴人作茗,皆合煮其叶以为香。’”《本草纲目》记载:“秦椒,花椒也。始产于秦,今处处可种,最易番衍。其叶对生,尖而有刺。四月生细花,五月结实,生青熟红。”

花椒是芸香科、花椒属的落叶灌木或小乔木,又称川椒、大椒、南椒、蜀椒、巴椒、点椒等。花椒高3～7米,茎、枝上疏生皮刺,枝为灰色或褐灰色。奇数羽状复叶,互生,叶轴边缘有狭翅,长8～14厘米,有5～11个纸质小叶,卵形或卵状矩圆形,长1.5～7厘米,宽1～3厘米,边缘有细锯齿,齿缝处有较大腺点。聚伞状圆锥花序顶生,花单生,花被片4～8个,白色或者淡黄色。果为球形,成熟时为红色或紫红色,密生疣状腺体。

花椒（朱嘉豪 绘）

植物小档案

榆

Ulmus pumila

别名：白粉、粉榆、榆钱树、白榆、春榆等

科名：榆科

习性：喜阳

状貌：茎可高达20米。树皮深灰色，粗糙，不规则纵沟裂。单叶互生，椭圆状卵形至椭圆状披针形，长2～8厘米，宽2～2.5厘米，边缘多具单锯齿。花小，紫褐色，聚伞花序簇生。翅果近圆形或宽倒卵形，顶端有凹缺。

分布：东北、华北、淮北、西北及西南各地。长江下游各省有少量栽培。

麻栎

Quercus acutissima

别名：栎、橡、杼、枥、橡栎等。

科名：壳斗科

习性：喜阳

状貌：高达20～25米。树皮为暗灰色，浅纵裂，幼枝密生黄色绒毛。叶长圆状披针形，长9～16厘米，宽3～4.5厘米，先端渐尖或急尖，基部圆形或阔楔形，边缘有刺状锯齿，幼时有黄色短绒毛，后脱落，叶柄长2～3厘米。壳斗杯状，包围坚果二分之一，苞片披针形，粗长刺状，反曲，坚果卵球形或卵状长圆形，直径1.5～2厘米，果脐隆起。

分布：全国大部分地区。

牡荆

荆楚大地，翘翘错薪

南有乔木，不可休思。汉有游女，不可求思。
汉之广矣，不可泳思。江之永矣，不可方思。
翘翘错薪，言刈其楚。之子于归，言秣其马。
汉之广矣，不可泳思。江之永矣，不可方思。
翘翘错薪，言刈其蒌。之子于归，言秣其驹。
汉之广矣，不可泳思。江之永矣，不可方思。

——《周南·汉广》

扫码获取
· 植物照片
· 本诗注解

汉江之上，柴草杂乱丛生，一位砍柴的樵夫遇见一位即将出嫁的姑娘，只一眼，爱情便萌芽了，可他知道，这爱情来得太迟，也无果。他挥刀砍下那些坚硬扎手的荆条，好像也想斩断自己那句不可言说的爱意。心爱的姑娘要嫁作他人妇了，他还能为她做些什么呢？只能默默去喂饱送她出嫁的马吧。汉江水悠悠永不止，木筏也不可渡江，欲渡不能空惆怅。

《周南》是《诗经》“十五国风”之一，共十一篇。《周南·广汉》以现实主义写实笔法讲述了一个“爱而不得”的故事。全诗以抒情主人公樵夫的视角，讲述其伐木刈薪，咏叹爱情不可说不可得之惆怅的全过程。陈启源《毛诗稽古编》把这首诗的诗境概括为“可见而不可求”。汉代卫宏《毛诗序》：“《汉广》，德之所及也。文王之道被于南国，美化行乎江汉之域，无思犯礼，求而不可得也。”《秦风·蒹葭》也是刻画“爱而不得”的佳作，但在创作手法和意境展现上，《蒹葭》偏浪漫，全篇无具象人物、无情节，只在反复对环境的咏叹中，抒发情感，风格空灵缥缈，更显向往之迷茫。《周南·汉广》则通过樵夫口吻，具体写实，有具体的人物形象——樵夫与游女；有细微的情感历程——从希望、失望到幻想、幻灭；就连“之子于归”的主观环境和“汉广江永”的自然景物的描写都是具体的。钱锺书《管锥编》论“企慕情境”，在《诗经》中以《秦风·蒹葭》为主，而以《周南·汉广》为辅。

一首《蒹葭》令芦苇和荻草闻名天下，一首《汉广》让牡荆这种植物，名冠荆楚大地。

诗中的“楚”是指牡荆，生于长江中下游以南地区，尤以湖北盛产。

湖北也因多产荆条而得名“荆楚”。至今，楚王朝创造出的荆楚文化，还在荆楚大地上传承。在古代典籍中也常见“荆人”，代指楚地之人。毛泽东同志有词《水调歌头·游泳》“万里长江横渡，极目楚天舒”当指此楚地。

《诗经·商颂·殷武》有“维女荆楚，居国南乡”。在最新发现的“清华简”中的《楚居》对此句有详细的记载，楚先君鬻熊的妻子妣厉，生子熊丽时难产，剖腹产后妣厉死去，熊丽存活。妣厉死后，巫师用荆条（原文中为“楚”）包裹其腹部埋葬。为了纪念她，后人就称自己的国家为“楚”。有学者认为，按照楚国君主世系，妣厉的丈夫及她用生命换来的这个儿子先后做过楚人的领袖，成为楚国的开国先君，开创楚国八百年基业，故而人们如此隆重地以国名来纪念一位难产剖腹而死的楚先君的妻子。

牡荆是马鞭草科、牡荆属的落叶灌木或小乔木。

牡荆最高可长到5米，多分枝，有香味，若细细揉搓叶片，这种香味缠绕指尖，清香沁鼻，久久不散。牡荆的新枝呈现四棱形，枝杈上密密地分布着细毛。叶子自茎部相对而生，总叶柄长3～6厘米，总叶柄顶端，有手掌状的5片或3片小叶着生，叶子背面浅绿色，通常有柔毛。小叶片是中部以下最宽，上部渐狭的披针形或椭圆状披针形，叶缘有锯齿。

宋代丘葵《书陈氏小轩壁》诗云：“萱草依堂绿，荆花夹树香。”一到六七月，牡荆的小花朵仿佛穿着淡紫色小裙子的小姑娘们耐不住寂寞，从钟状的花萼中纷纷探出一个一个圆圆的脑袋，花朵开在细小的枝丫分叉上，这些分叉枝丫又长在一根稍粗点的总枝杈上，总体看上去，

牡荆（朱嘉豪 绘）

呈现圆锥状花序。待天气转凉，秋意渐浓，花朵落尽，牡荆便会结出果来，坚果呈现黑色的球形，像一颗颗小拇指尖大小的中药丸。

牡荆是古代文人经常使用的诗歌意象，因其与日常生活息息相关。三国魏曹植《说疫气》记载：“悉被褐茹藿之子，荆室蓬户之人耳！”这首诗说明了牡荆的药用价值。牡荆子其性平，味苦辛。归肺经、胃经和大肠经，具有除湿解毒、止咳化痰、理气和胃，祛风解表的功效。对于咳嗽痰喘、吐泻痢疾、胃痛腹痛、脚气中满、痈肿癣疮、风湿疹痒、风寒感冒等症有治疗的作用。

除了药用价值，牡荆还有取火之用。宋代司马光《席上赋得榛》有诗句：“微物生山泽，萧条荆棘邻。”唐代韦应物《寄全椒山中道士》有诗句：“涧底束荆薪，归来煮白石。”这些表明了牡荆在古代多被人当做柴料使用，《周南·广汉》诗中说砍柴人砍断荆条，也是为了回家当柴火。荆条柔韧性高，实用性强，可编制筐篮、篱笆等。

它的这一植物特性也让它在中国传统文化中具有丰富的人文内涵。比如，古人便用荆条当做刑杖。与荆有关的成语故事“负荆请罪”，讲的便是赵国大将廉颇与上卿蔺相如不和，蔺相如为了国家利益处处表示退让，廉颇后来知道了蔺相如的苦心，深觉自己的过错，便主动背了荆条向蔺相如请罪的故事。《史记·廉颇蔺相如列传》记载：“廉颇闻之，肉袒负荆，因宾客至蔺相如门谢罪。”

古代人称自己的妻子为“荆室”“拙荆”来源于牡荆这种植物，牡荆的枝条可以制作成头饰和发钗，深受古代贫寒之家的妇女喜欢，因此便有了“荆钗”一词，在诸多文学作品中代指贫家妇女。元柯丹丘作元曲《荆钗记》，讲述了宋代王十朋与妻钱玉莲双双拒绝权贵威逼，夫妻忠贞相爱的故事。唐代李山甫《贫女》诗：“平生不识绣衣裳，闲把荆钗亦自伤。”晋代的皇甫谧《列女传》云：“梁鸿妻孟光；荆钗布裙。”“荆钗布裙”后来特指女性装束朴素。

那心爱的姑娘将要渡过汉江开始新的生活，这一眼万年的爱情只能默默藏在砍樵人的心底。那一束开了淡紫色花的牡荆，被人采来却未曾相赠。遗憾吗？这永远不会说出口的爱意。

植物趣知识

棘——荆棘丛生

棘，《本草纲目》记载：“棘，酸枣也。”即酸枣，别名山枣、野枣等。野生于山坡向阳处，常于牡荆夹杂而生。

《邶风·凯风》第一章：“凯风自南，吹彼棘心。棘心夭夭，母氏劬劳。”把自己弟兄们小时候比作酸枣树的嫩芽，丛生的小嫩芽之所以能够健康成长，全是母亲辛勤哺育的功劳，感念母亲恩德而又无以报答。

南宋朱熹的《诗集传》云：“棘，小木。丛生多刺，难长。”《梦溪笔谈》记载：“枣与棘相类，皆有刺。枣独生，高而少横枝；棘列生，卑而成林。以此为别。”棘高 1 ~ 3 米，老枝呈现褐色，幼枝呈现绿色。棘有刺，托叶刺有 2 种，一种直伸，长达 3 厘米，另一种常弯曲。棘叶互生，叶片椭圆形至卵状披针形，长 1.5 ~ 3.5 厘米，宽 0.6 ~ 1.2 厘米，边缘有细锯齿。花为黄绿色，2 ~ 3 朵簇生于叶间。《本草纲目》记载其：“八月结实，紫红色，似枣而圆小味酸”。这是说，棘的核果小，熟时红褐色，近球形或长圆形，长 1 ~ 1.4 厘米，味酸。

因棘有刺，牡荆茎柔韧，二者生命力都很强，丛生铺满道路，使人行路艰难，故“荆棘丛生”这个成语比喻前进道路阻碍很大，困难极多。

植物小档案

牡荆

Vitex negundo var. cannabifolia

别名：楚、荆、小荆、黄荆、铺香等。

科名：马鞭草科

习性：喜阳，耐瘠薄

状貌：高达5米，多分枝，有香味。新枝四棱形，密被细毛。叶对生，掌状5出复叶，或3出复叶，小叶披针形或椭圆状披针形，叶缘有锯齿，总叶柄长3～6厘米。圆锥状花序顶生，花萼钟状，5裂，花冠淡紫色，上唇2裂，下唇3裂，是蜜源植物。坚果球形，黑色。

分布：湖北、湖南、广东、广西、河南、河北、山东、浙江、安徽、云南、贵州、四川等省。

青檀

名贵不娇，山石不可摧

坎坎伐檀兮，置之河之干兮，河水清且涟猗。
不稼不穑，胡取禾三百廛（chán）兮？
不狩不猎，胡瞻尔庭有县貆（huán）兮？
彼君子兮，不素餐兮！

——《魏风·伐檀》节选

扫码获取
· 植物照片
· 本诗注解

“坎坎、坎坎”，砍伐青檀的声音在林间此起彼伏。一棵一棵粗壮的青檀应声而倒，被伐木人搬运到河边码好堆放，河水清波荡漾，向东而流，河水哗啦声伴着伐木声，好像也在帮劳动人民质问那些老爷君子：“你们不播种不收割，为什么要取农人三百捆田里的稻禾？你们不冬狩不夜猎，为什么庭院有兽悬柱？你们真是白吃饱腹啊！”

《魏风·伐檀》可谓“伐木者之歌”。这是一首伐木者讽刺、嘲骂贵族剥削者不劳而食的诗，是《诗经》中反剥削反压迫最有代表性的诗篇之一。全诗强烈地反映出当时劳动人民对统治者的愤恨。廛，古同“缠”，古代贫民的房地，这里是量词，指束，捆。貆指貉子，又称狗獾。无论是房屋，还是豢养的动物，都是平民赖以生存的东西，却被不劳而获的统治者霸占。《毛诗序》以为“刺贪也。在位贪鄙，无功而受禄，君子不得仕进耳”。全诗从伐檀造车的艰苦劳动写起，直叙其事，继而抒情，这在《诗经》中是很少见的。诗中用质问语气揭露剥削者的寄生本质，指出“不稼不穑”“不狩不猎”“彼君子兮，不素餐兮”，这是对剥削者的冷讥热嘲，点明了主题，抒发了蕴藏在胸中的反抗怒火。这首诗不仅具有深刻的思想性，更具有极高的艺术性。戴君恩《读风臆评》谓其“忽而叙事，忽而推情，忽而断制，羚羊挂角，无迹可寻”，牛运震《诗志》谓其“起落转折，浑脱傲岸，首尾结构，呼应灵紧，此长调之神品也”。三章复沓，换韵反复咏唱，情感如海浪，一层高过一层，强烈紧凑。

诗中的“檀”即今之青檀。《毛传》记载：“檀，强韧之木。”《毛

青檀（朱嘉豪绘）

诗草木鱼虫疏》说:“爰有树檀。檀木皮正青滑泽，与檕迷相似，又似驳马。”

青檀是榆科、青檀属的落叶乔木。高可达 20 米。青檀似乎是自然界极具天赋的“调色师”，在它的身上，各种复调色被用得出神入化。它的树皮是淡灰色，有不规则的长片状，树皮剥落后，就露出灰绿色的内皮。而青檀的小枝又呈现黄绿色。由淡灰色到灰绿色，再到黄绿色，完美呈现了由灰入绿的用色思路，色彩协调又不扎眼。

青檀的叶子稀疏地生长着短柔毛。单叶互生，叶片质地柔韧而较薄，呈现椭圆状卵形，具有明显的主脉，经过逐级的分枝，形成多数交错分布的细脉，从主脉基部两侧只产生一对侧脉，这一对侧脉明显比其他侧脉发达。树叶长 3.5 ～ 13 厘米，宽 2 ～ 4 厘米，先端锐尖，缘有锐锯齿。青檀是雌雄同株植物，花为单性，雄花簇生，雌花单生。小坚果两侧有翅形物，先端凹缺。

青檀开淡粉紫色的花。明朝永乐年间的植物图谱《救荒本草》记载:

“檀树芽生密县山野中，树高一二丈叶似槐叶而长大，开淡粉紫花。”粉紫色的花开满枝头，花叶交辉，如星如素，极尽中国传统美学意味。

青檀常生于林缘、沟谷、河滩、溪旁及壁石隙等处，形成小片纯林或与其分树种混生。据宋代苏颂的《本草图经》记载：“江淮、河朔山中皆有之。亦檀香类，但不香尔。”说明青檀早在宋代就广泛分布于江淮及黄河以北地区。

青檀材质坚韧耐损，纹理细密坚实，耐腐耐水浸，也是贵重木材，是古代制造车辆的重要材料，因此古代兵车常称“檀车”。本诗第二章“坎坎伐辐兮，置之河之侧兮”，第三章“坎坎伐轮兮，置之河之漘（chún）兮”都在讲砍下檀树做车辐和车轮。《诗经·小雅·杕杜》：“檀车幝幝（chǎn），四牡痯痯（guǎn）。”郑玄笺：“檀车，役车也。”《后汉书》云：“目不视鸣条之事，耳不闻檀车之声。”说明了青檀做兵车之用。

此外，青檀在春秋时期就已经是庭院中的观赏树种了，比如《国风·郑风·将仲子》就让一个叫仲子的人不要攀折院子里的檀树：“将仲子兮，无逾我园，无折我树檀。岂敢爱之？畏人之多言。”说的是“我的仲子，你别踩过我的菜园，更别攀折我院子里的檀树，可不是我爱惜这些菜和檀树，而是人言可畏啊。”至今，青檀依然是园艺、室内装饰等的珍贵树种。

青檀可谓全身是宝。青檀的种子可榨油，其树叶和种子能做猪、羊的饲料，细枝可编筐，枝杈还可做农用杈齿。青檀的嫩芽叶还可以凉拌食用。《救荒本草》记载：“叶味苦，采嫩芽叶，炸熟，换水浸去苦味，淘洗净。油盐调食。”

青檀在中国历史上具有重要的文化意义。青檀因树皮坚韧粗壮，纤维比起褚树皮、桑树皮更密更长更粗壮，而且含有的杂质少，青檀皮的细胞壁腔大，表面有褶皱，做成纸后吸水导墨性强，墨色附着在纸上后，比其他原材料显色更均匀，纸张也不会因沾了墨后，起毛、起翘，所以青檀逐渐成为做宣纸的上好材料。

唐以后，佛教由西入东，“檀”自佛教传入后，便有了宗教意味。佛教重要的修行办法之一就是“布施”（Dana），早期被译为“檀那”。明朝永乐年间，郑和下西洋，自海上丝绸之路换回紫檀和檀香，青檀这个词便逐渐被人们所遗忘，代言之紫檀和檀香。唐代孟浩然《凉州词》云：“浑成紫檀金屑文，作得琵琶声入云。”

青檀即使被赋予了高贵神秘、修身养性的文化意味，也并没有改变其坚韧挺拔、吃苦耐劳的品性。青檀较耐旱，耐瘠薄，因为它们根系发达，常在岩石隙缝间盘旋伸展，萌生性强，寿命长。如山东枣庄有千年古檀扎根于青檀寺山岩的缝隙里，整个树身从石缝里长出，有的根硬是撑裂了山岩，靠汲取岩石中的营养而生长，透出的饱经风霜的铮铮铁骨，形成“檀石一家”的奇观。

河水涛声依旧，伐木的劳动人民你一句我一句地问责那些尸位素餐的上层统治者，但也只能控诉而已。明天辛苦的劳动人民依然要背上斧子去林边砍青檀。青檀与劳动者，在那个年代，都无力改变自己的命运。

植物小档案

青檀

Pteroceltis tatarinowii

别名：檀、翼朴、檀树、青壳榔树

科名：榆科

习性：喜阳，喜钙

状貌：高达20米，树皮淡灰色，有不规则的长片状剥落，露出灰绿色的内皮，小枝黄绿色，疏被短柔毛。单叶互生，纸质，叶椭圆状卵形，基部三出脉，长3.5～13厘米，宽2～4厘米，先端锐尖，缘有锐锯齿。雌雄同株，花单性，雄花簇生，雌花单生。小坚果两侧具翅，先端凹缺。

分布：辽宁、河北、山西、陕西、甘肃南部、青海东南部、山东、江苏、安徽、浙江、江西等省。

青蒿

与「青蒿素」同名之谜

呦呦鹿鸣，食野之蒿。我有嘉宾，德音孔昭。
视民不恌（tiāo），君子是则是效。我有旨酒，
嘉宾式燕以敖。
呦呦鹿鸣，食野之芩。我有嘉宾，鼓瑟鼓琴。
鼓瑟鼓琴，和乐且湛。我有旨酒，以燕乐嘉宾之心。

——《小雅·鹿鸣》（节选）

扫码获取
· 植物照片
· 本诗注解

原野青青，一群活泼的鹿儿鸣叫，发出“呦呦”的声音，它们欢愉地吃着原野上的青蒿。这样的快乐感染着宴席上的每个人。今日，君王设一宴，邀请群臣做宾客参加，称赞在座的诸位都是品性俱佳之人，为君子纷纷效仿之榜样。以诗歌表达君王与此等贤士欢聚一堂，美酒醇香，畅饮畅聊最逍遥的情感。

《诗经》分为大雅、小雅，合称“二雅”。雅，雅乐，即正调，指当时西周都城镐京地区的诗歌乐调。小雅部分今存七十四篇。《小雅·鹿鸣》为小雅首篇，“四始”之一，是古人在饮宴上场所唱的歌曲，后来成为贵族宴会或举行乡饮酒礼、燕礼等宴会的乐歌。诗自“呦呦鹿鸣”起兴，奠定宴会热闹欢愉的基调。全诗自始至终洋溢着欢快的气氛，它把宾客从“呦呦鹿鸣”的意境带进“琴瑟笙歌”的场景中，气氛感十足。中国宴饮文化随时代变化而变化，本诗所描绘的宴饮场景如《诗集传》所云：“言嘉宾之德音甚明，足以示民使不偷薄，而君子所当则效。”君主劝诫宴席上的各位宾客，要求臣下做一个清正廉明的好官，以矫正偷薄的民风。可见，这里的饮宴就不单纯是娱乐了，而带有协调群臣关系的政治作用。东汉末年曹操还把此诗的前四句直接引用在他的《短歌行》中，以表达求贤若渴的心情。及至唐宋，为庆祝登科的学子，设“鹿鸣宴”，歌唱《小雅·鹿鸣》之章。

诗中的“蒿”可以理解为泛指蒿类植物，也可专指青蒿。《植物名实图考》云：“食野之蒿。陆玑云青蒿也。”

青蒿是菊科、蒿属的一年生草本植物。植株有香气。唐代白居易《哭师皋》有："萧萧风树白杨影，苍苍露草青蒿气。"青蒿主根单一，侧根少。它单独生长一条根茎，茎高 40 ~ 150 厘米，茎下部只有茎，不长枝叶，茎上部多分枝，幼株呈现绿色，有纵向的纹路。在茎上部的那些分支上，交互长叶，叶子如羽毛状，有一片主要的叶片，这片主叶片上再深裂为多个分叶。裂片为长圆形，二次裂片为条形无毛，青绿色，长 5 ~ 15 厘米，宽 2 ~ 5.5 厘米。

春天乍暖还寒的时候，青蒿便会悄悄长出一些淡黄色的小"花"，宋代苏轼《送范德孺》有诗云："渐觉东风料峭寒，青蒿黄韭试春盘。""花"通常为球形或椭球形，直径只有几毫米。准确地说，那不是花，而是花的集合——头状花序。花朵呈现淡黄色，花朵沿枝杈排列成圆锥花序，花冠为管状，表面比较光滑，几乎没有什么毛絮。青蒿好像一个心灵手巧地"手作大师"，它们把一堆特化的小黄花集中在一起，浓缩成一个头状花序。这个头状花序像向日葵的花盘，边缘花瓣状的是舌状花，用来招引昆虫；中间花蕊状的是管状花，用来结果实。

青蒿在全国各地都有分布，常见散生于河岸砂地、山谷、林缘、路旁等。重庆酉阳享有"世界青蒿之乡"的美誉，是世界上最主要的青蒿生产基地，也是全球青蒿素高含量的富集区，平均青蒿素含量高达 8‰，全球八成的原料青蒿产于重庆酉阳。

青蒿入药，具有清热退蒸、清暑消气、除湿杀虫的养生功效。宋

青蒿（朱嘉豪 绘）

代苏轼做《春菜》诗："烂烝香荠白鱼肥，碎点青蒿凉饼滑。""吃货"苏轼或许是发现了青蒿的养生功效，将它捣碎，做成凉饼食用，又是一道春日美食。

2015 年，中国科学院院士屠呦呦发现了青蒿素的抗疟疾功效，成为中国第一位获得诺贝尔生物学或医学奖得主。青蒿素的发现造福了世界人民。

但是，青蒿素提取自青蒿吗？

屠呦呦曾说，她是读到东晋葛洪的《肘后备急方》中记载的"青蒿一握，水二升渍，绞取汁尽服之"一条，从而获取了用乙醚提取青蒿素的灵感。

中药的命名经千年由来已久，中药名是自古传下来的，古人起名时以药用价值为依据。不同的植物如果药用价值相同，那么中药名就是一样的，而其对应的原植物名却有许多个。比如成书于西汉末年至东汉初年的《神农本草经》是后世一切本草书的源头和基础，其中已经记载了"青蒿"之名，作为"草蒿"的别名。《神农本草经》中对草蒿的介绍是："味苦寒，主疥搔、痂痒、恶疮、杀虱、留热在骨节间，明目。一名青蒿，一名方溃，生川泽。"我们现在所使用的植物学名为西方植物学的命名规律，它要求每一种植物只有一个名称，而且对应唯一的拉丁名。

因此，从西方植物学的角度，就有一种植物叫"青蒿"，但它不是中药药典所记载的那种有治病功效的植物，这种植物没有药用价值，与中药名“青蒿”同名。所以，就会引起了这种误会。

简单地说，青蒿素提取自一种名叫“黄花蒿”的植物，因中药名为“青蒿”的药物有治疗疟疾的功效而命名。

诺贝尔生物学或医学奖的评委对青蒿素研究归纳了四项成果，第一项是从黄蒿中提取到青蒿素，点明了青蒿素的提取来源。黄蒿产于南方，青蒿产于北方，当年北京中药所从青蒿中提取到青蒿素，云南云药所从黄蒿中提取到黄蒿素，山东鲁药所从当地黄花蒿中提取到黄花蒿素。三者临床试验后，发现治疗重症疟只有云药所的黄蒿素成功，云药所还发现适合生产药的蒿只能是产自四川酉阳的黄蒿，至今全世界制药也是使用这个品种。按理说，这种药应该叫黄蒿素。中药所不同意，认为青蒿素在先，黄蒿素在后，民间有流传青蒿治疟的说法。名称之争进行多年，最终还是定为青蒿素。

那么，黄花蒿与青蒿有什么关系呢?

二者都属于菊科，长相有细微的区别。青蒿头状花序呈半球形，花序较大。茎下部叶多为二至三回栉齿状羽状深裂，中部叶多为二回栉齿状羽状深裂，上部叶渐小。叶面绿中透黄，叶裂片轴有不甚规则的羽片。而黄花蒿的头状花序近球形，花序较小。黄花蒿的茎下部叶比青蒿多，为三至四回羽状深裂，中部叶多为二至三回羽状深裂，上部叶渐小。

黄花蒿的叶面绿中透黄，叶裂片轴有狭翼。青蒿与黄花蒿的有效成分也是不一样的。青蒿的主要成分为各种挥发油。这里面包括青蒿甲、青蒿乙、青蒿内酯等倍半萜类内酯类化合物。青蒿并没有青蒿素，也不具备药用价值，主要在食疗方面使用。而黄花蒿的主要有效成分是具有很好的抗疟疾作用的青蒿素。

至于当代治疟良药青蒿素是否是《诗经·小雅》中可爱的鹿所吃的“蒿”，如今不得而知。但，那场丝竹乐舞、觥筹交错的宴饮之乐，如今仍被时时提起。

植物小档案

青蒿

Artemisia caruifolia

别名：菣、邪蒿、香蒿、草蒿、三庚草

科名：菊科

习性：喜阳，耐瘠薄

状貌：主根单一，侧根少。茎单生，高 40 ~ 150 厘米，上部多分枝，幼时绿色，有纵纹。叶互生，2 回羽状深裂，长 5 ~ 15 厘米，宽 2 ~ 5.5 厘米，裂片长圆形，二次裂片条形无毛，青绿色。头状花序半球形多数，穗状总状花序排列成圆锥花序，花黄绿色，花冠管状。瘦果长圆形至椭圆形。

分布：遍布全国。西北、华北、东北、西南等地区最多。

栗

最古老的「零食」

作之屏之，其菑(zī)其翳。修之平之，其灌其栵(lì)。
启之辟之，其柽（chēng）其椐（jū）。攘之剔之，
其檿（yǎn）其柘（zhè）。
帝迁明德，串夷载路。天立厥配，受命既固。

——《大雅·皇矣》节选

扫码获取
· 植物照片
· 本诗注解

浩浩荡荡的周人自西迁徙到周原这个地方，他们满怀着对新家园的创造力，分工协作：只见他们砍伐山林，清理横七竖八的杂树枯木，修剪完树木的枝丫，又发现丛生的灌木和茅栗，于是，只好日夜奋战，将碍事的灌木、茅栗等植物挖去除去，又看到柽柳椐木随风招摇，便继续挥斧向木。即使山桑、黄桑杂生四处也无法阻挡周人安家的热情。周人将它们铲除干净，方便建宫房以迎接圣明贤德的君主。周原被开辟出来了，君主安居，打败戎狄，建立军功，又以皇天后土为证，受命于天，择娶佳偶，终盼江山永固。

《诗经·大雅》今存三十一篇。这首《大雅·皇矣》是一首周部族的开国史诗。《毛诗序》云："《皇矣》，美周也。天监代殷莫若周，周世世修德莫若文王。" 全诗有八章，每章十二句。前四章重点写古公亶父（太王），歌颂了太王、太伯、王季的事迹；后四章主要写周文王，歌颂了周朝为天命所归，文王"肇国在西土"的勋业。天帝恩光普照，统领四方，了解民众疾苦，谋求改革。"度其鲜原，居岐之阳，在渭之将。"文王按照上天的旨意选定歧周之地，即现在陕西岐山地区（北起岐山箭括岭之阳，南至雍水河的区域）。周人迁都于此，开始修理树木，平整土地，迁来明德之君，天配佳偶，国家得以稳固。

本诗第二章具体描述了太王在周原开辟与经营的情景。连用四组排比语句，选用"作、屏、修、平、启、辟、攘、别"八个动词，罗列了"灌、栵、柽、椐、檿（yǎn）、柘"六种植物，极其生动形象地表现太王创业的艰辛和豪迈的气魄。

板栗（朱嘉豪绘）

《大雅·皇矣》中的“栵”是指茅栗，“栗”是指板栗。

《植物名实图考》卷32《茅栗》篇中说：“茅栗野生山中。《尔雅》栵栭（ér），注，树似槲樕而卑小，子如细栗可食，今江东亦呼为栭栗。《诗》，其灌其栵。陆玑《疏》，木理坚韧而赤，可为车辕，即此。”可知栵即茅栗，与栗（板栗）同属壳斗科，特征相近，果实较小，不如板栗大。

《诗经》中出现最频繁的六种植物中，就有栗，比如《郑风》《唐风》《小雅》等篇章中都有栗的身影。

茅栗是壳斗科、栗属的落叶灌木或乔木。茎高6～15米。单叶互生，叶片为革质，质地坚韧而较厚，叶片的形状是卵状椭圆形，长9～13厘米，

茅栗（孟祥炎绘）

叶顶尖，叶根靠近茎部比较圆，叶子边缘锯齿状并有短短的芒尖。茅栗绿叶青翠光亮，唐代项斯有诗《宿山寺》形容其："栗叶重重复翠微，黄昏溪上语人稀。"

茅栗的花单性，雌雄同株，雄花序穗状，花朵生长在叶柄与茎的连接部分，就是叶与茎的夹角处，呈现直立状，开白色的花；雌花序生于雄花序下部，通常三朵花聚集生长。茅栗的壳斗近球形，连刺直径3～4厘米，每壳斗中有坚果3～6枚，坚果为褐色扁球形，直径1.3～2.5厘米。

宋代王之道《秋兴八首追和杜老其二》的诗描写了茅栗的生存环境："巉岩石壁半欹斜，茅栗丛中菊渐华。"茅栗耐干旱瘠薄，均系野生。《唐风·山有枢》云："山有漆，隰有栗。""隰"指低湿的地方。

这句诗就交代了栗树生长的环境，为低洼潮湿有阳光的地方。茅栗在我国东北至吉林，西北至甘肃南部，东至台湾，南至广州近郊，均有分布。

据上文《植物名实图考》所载，无论茅栗还是板栗，都是人们喜爱的干果。

当栗子成熟之后，外壳会破裂，露出里面的坚果。也许是远古先民采摘熟果时，好奇心驱使他尝了尝里面的坚果，发现这种坚果肉好像面食，口感绵密，吃了几颗之后，竟有饱腹感，从此给古人打开了新世界的大门，开启了茅栗可食的历史。

栗子作为食物最早可追溯到6000多年前的仰韶文化时期，在西安半坡的仰韶文化和浙江余姚的河姆渡文化中都有栗子的遗存。《周礼》中提到周朝设有专门管理果蔬资源的官员。“甸师”负责采集野生果实，“场人”负责定期收集国中果园里成熟的果实。

千年来，人们不断研究栗子新吃法。《礼记》载：“枣栗饴蜜以甘之。”将枣和茅栗沾上蜜糖吃，甜甜蜜蜜，一堂欢喜。还有将栗子蒸熟的吃法，《仪礼·聘礼第八》载：“其实枣蒸栗择，兼执之以进。”

可以看出，枣和栗经常一起出现，这与古人的祭祀习俗有关。《周礼》记载祭祀食物有“枣、栗、桃、干、榛实”，枣树和栗树的果实都可以作为笾食。“干”据汉代人的注解，指干梅。这说明栗作为食物在上古先民眼里，是用来祭祀的祭食或者填饱肚子充饥的粮食。其后，当越来越多的食物被发现，被种植，被用来祭祀，栗子便从祭坛走向了零食界。

宋代苏辙有《次韵王适食茅栗》诗云："山栗满篮兼白黑，村醪入口半甜酸。"宋代沈说《野店》也说："对坐煨茅栗，瓶中取酒尝。"

栗子从祭食、饱腹之食到零食的发展过程，可谓漫长延绵。当代物质生活极大充裕，栗子便只作为零食，成为人们的消遣之物。当代人最喜欢的吃栗子方式是糖炒。

寒冷的秋冬季节，路边糖炒栗子的摊位上，一口铁锅架在土炉上，锅里是烧得滚烫的砂石，将生茅栗加了糖放锅里，不断翻炒，不一会儿就飘出诱人的栗子香味，引得路过的行人垂涎三尺，小孩子们拽着大人衣角，闹着不肯走："买一袋糖栗子吧！买一袋吧！"他们捧着装得满满一袋糖炒栗子的纸袋，热气烘在脸上暖暖和和，好像捧着整个冬天的快乐。

古人云"皇权天授"，在上天的授意下，商失德，便有西周应天命而灭商，又在上天的授意下，从古公亶父迁至岐山周原，到太王、王季、文王，西周诸王一步步使西周发展鼎盛，国泰民安。一部王朝的周原创业史在《大雅·皇矣》中就此展开，这是历史的歌颂，也是永恒的辉煌。

植物小档案

茅栗

Castanea seguinii

别名：栭栗、栵栗、野栗子、毛栗

科名：壳斗科

习性：喜阳，耐瘠薄

状貌：茎高6～15米。单叶互生，革质，叶卵状椭圆形，长9～13厘米，叶顶尖，叶基圆，叶缘锯齿具短芒尖。花单性，雌雄同株，雄花序穗状，生叶腋，直立，白色；雌花序生于雄花序下部，通常3花聚生。壳斗近球形，连刺径3～4厘米，每壳斗中有坚果3～6枚，坚果扁球形，褐色，径1.3～2.5厘米。

分布：在我国东北自吉林、西北至甘肃南部，东至台湾，南至广州近郊，均有分布。大别山以南、五岭南坡最多。

栗

Castanea mollissima

别名：板栗、桌、樸子、棰子、瑰栗、魁栗、笃迦等。

科名：壳斗科

习性：喜阳，耐旱，耐寒

状貌：株高 15 ~ 20 米，树皮灰褐色，深纵裂。单叶互生，薄革质，长椭圆状披针形或长圆形，长 12 ~ 15 厘米，宽 3 ~ 7 厘米，先端渐尖或短尖，基部圆形或宽楔形，叶缘锯齿尖锐，表面绿色，背面密被绒毛。花单性，雌雄同株，雌花生于雄花序下部或另成花序。壳斗球形，坚果直径 3 ~ 5 厘米，深褐色。

分布：主要在山东、河北，黄河流域至长江流域山地。

群芳篇

百花齐放 春满园

宋·马和之《陈风图卷 诗经·泽陂》（局部）

郁李
最是春来多情客

山有苞棣（dì），隰（xí）有树檖。
未见君子，忧心如醉。
如何如何，忘我实多！
——《秦风·晨风》（节选）

扫码获取
· 植物照片
· 本诗注解

高山远望一片郁郁葱葱，那是郁李青翠挺拔的身姿。在俯首低洼之地，如云如烟的，开满了一树一树的豆梨。望尽远山遥遥，洼地浅浅，草木皆各得其所，而“我”却飘零无所依，望眼欲穿不见心上人影踪，“我”的内心忧愁，思卿念卿，如痴如醉，奈何别无他法，卿已将“我”遗忘。

《诗经·秦风》是“十五国风”之一，这首《晨风》的主旨存在多种争议。高亨《诗经今注》云：“这是女子被男子抛弃后所作的诗。（也可能是臣见弃于君，士见弃于友，因作这首诗。）”《毛诗序》云：“《晨风》，刺康公也。忘穆公之业，始弃其贤臣焉。”认为，本诗是讽刺秦康公的作品，讽刺他过河拆桥，弃贤臣不用。《毛诗序》倾向“刺秦康公弃其贤臣说”。还有朱谋玮《诗故》持“刺弃三良说”，何楷在《诗经世本古义》中认为是“秦穆公悔过说”等观点，朱熹《诗集传》卷六云：“妇人以夫不在，而言鴥彼晨风，则归之于郁然之北林矣，故我未见君子，而忧心钦钦也。彼君子者，如之何而忘我之多乎？”认为是妇人担心外出的丈夫将自己抛弃的忧歌。最初创作这首诗歌的用意为何？今人已不可揣摩，但仁者见仁，竟也别有意趣。这首诗在艺术特色上不假雕琢，好似大白话，“如何如何，忘我实多”，读来一点也不像《诗经》中的其他作品，更像今天的人突发直白地感慨：“这可怎么办，他把我给忘记了。”

诗中的檖即今之豆梨。《尔雅·释木》记载：“檖，罗。”注曰：“今杨檖也，实似梨而小酢可食。”《植物名实图考》卷15《鹿梨》篇：“《说

豆梨（孟祥炎 绘）

郁李果（孟祥炎 绘）

文解字注》：‘樣，樣罗也。’《释木》：‘樣，萝。’《秦风》《毛传》曰：‘樣，赤罗也。’陆玑、郭璞皆云：‘今之杨樣也。实似梨而小酢可食。’[按]萝者罗之误。……《诗》曰：‘隰有树樣。今《诗》《尔雅》作樣。’”

诗中除了豆梨，还有那高山上的棣岁岁年年常相似。棣是今天的一种植物——郁李。

《本草经》曹元宇辑注：“吴普云：‘郁李，一名雀李，一名车下李，一名棣。’《诗》云：‘常棣之华。’”

郁李是蔷薇科、樱属植物，是落叶灌木，高 1 ～ 2 米。郁李的叶子为倒卵形或长椭圆状披针形，长 3 ～ 10 厘米，宽 1.5 ～ 3 厘米，先端渐尖，靠近茎处呈现楔形，边有细锯齿，上面深绿色，无毛，下面淡绿色，无毛或脉上有稀疏柔毛，侧脉有 5 ～ 8 对，叶柄长 3 ～ 4 毫米。花叶同开或先叶开放，1 ～ 3 朵簇生，花瓣共开 5 枚。

《诗经・小雅・常棣》有：“常棣之华，鄂不韡韡（wěi wěi），凡今之人，莫如兄弟。死丧之威，兄弟孔怀，原隰裒矣，兄弟求矣。脊令在原，兄弟急难，每有良朋，况也永叹。兄弟阋于墙，外御其务。”便是古人因郁李开花每两三朵彼此相依，生发联想，将兄弟之情比作常棣花（郁李），比喻若兄弟团结一心，便能攻坚克难，家国永固；若兄弟反目，则外敌便可入侵。

郁李在如今人们的城市生活中经常见到，只是人们大多数“相见不相识”罢了。它们丛植于草坪、山石旁、林缘、建筑物前，或点缀于庭院路边，一人多高。春天刚刚在城市落脚，郁李便争先开出密密麻麻的小花，穿着白色、粉红色或粉白色的小裙子，像英国伊丽莎白时代的贵妇，身着多层带裙撑的华丽裙子，围绕着纤细的灰褐色的小树枝簇生，花萼的下端连合成的筒状部分为陀螺形，萼片为椭圆形，边有细齿，远看像一串一串花朵“糖葫芦”，难怪苏颂《同赋山寺郁李花》一诗中描述郁李花叶：“青红相间垂罗带，华叶同开缀宝钗。未必无言芳径列，须看成实翠珠排。”近看，又可见花朵层层叠叠，挤在一起，呈现倒卵状椭圆形，仿佛它们在激烈地争吵：“你往那边开一些，占到我开花的地方了。”好一番郁李争春图。

古人雅趣，宋代吴则礼做诗《郁李甚开其花如雪以珍瓶贮之》：“玉妃春行不寂寞，授馆独有青玻璃。是身未办堕杂染，高自标致真希奇。”见到郁李花开满堂，如雪满枝头，便采摘几枝，插在瓷瓶中欣赏。今人则方便快捷得多，看见郁李花，情不自禁地掏出手机，拍下这热闹的春意。

看过此篇文章，或许，等下一个春天，郁李开满路旁的时候，你就可以一边拍照，一边给友人介绍这可爱活泼的植物了。

郁李在春天开出热闹的小花惹人怜爱，在秋天结出深红色的小果子，核果近球形，直径约 1 厘米；核表面光滑，一颗一颗吊在细细的树枝上，摇摇晃晃，宛如红色的玛瑙，映出秋意阑珊。

郁李喜欢阳光充足，温暖湿润的环境，清代洪亮吉作诗：“阶前郁李多，只惜花琐碎。沉沉春昼影，迷客有如醉。”古往今来，郁李如旧，迷醉游人眼。

它们并生于城市的车水马龙间，从钢筋水泥中的星点阳光中，努力汲取生长的希望，又将这希望开出一簇一簇的花朵，为步履匆忙的行人带来春天的暖意与欢愉，令人忍不住驻足，拍照记录。

那远山上，粉白如霜雪的郁李还开在春三月，惦念的人影踪难寻，便是忘了归途有人等吧。而痴痴等待远行之人的故人还在翘首以盼，空待来年春意浓。

植物小档案

郁李

Prunus japonica

别名：唐棣、唐梨、棣梨、赤棣等

科名：蔷薇科

习性：喜阳

状貌：高1～2米，小枝灰褐色。叶片倒卵形或长椭圆状披针形，长3～10厘米，宽1.5～3厘米，先端渐尖，基部楔形，边有细锯齿，上面深绿色，无毛，下面淡绿色，无毛或脉上有稀疏柔毛，侧脉5～8对，叶柄长3～4毫米。花叶同开或先叶开放，1～3朵簇生，萼筒陀螺形，萼片椭圆形，边有细齿，花瓣5枚，白色或粉红色，倒卵状椭圆形。核果近球形，深红色，直径约1厘米；核表面光滑。

分布：黑龙江、吉林、辽宁、河北、山东、浙江、江苏、江西、安徽、河南、山西等省。

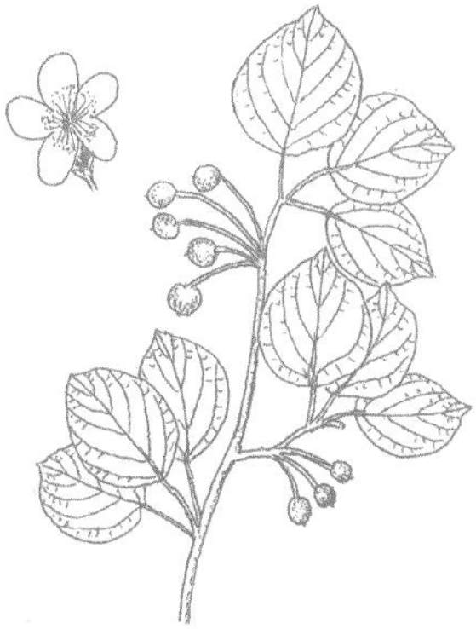

豆梨

Pyrus calleryana

别名：檖、赤罗、罗、山梨等

科名：蔷薇科

习性：喜阳

状貌：高可达5～8米，茎皮灰黑色，有不规则深裂，冬芽具绒毛。叶阔卵形至卵形，长4～8厘米，宽3.6～6厘米，先端渐尖，基部圆形至宽楔形，缘有钝锯齿，叶柄长2～4厘米，无毛。伞形总状花序，花白色。果圆形，褐色，具淡色皮孔。果实径约1厘米，形似小豆子，故名。

分布：山东、安徽、浙江、江西、福建、河南、湖北、湖南、广东、广西等省。

佩兰与芍药

上巳定情，长毋相忘

溱（zhēn）与洧（wěi），方涣涣兮。士与女，方秉蕑兮。
女曰『观乎？』士曰『既且。』
『且往观乎？』洧之外，洵訏（xū）且乐。
维士与女，伊其相谑，赠之以勺药。

——《郑风·溱洧》节选

扫码获取
· 植物照片
· 本诗注解

溱水、洧水湍流不息，穿郑国城池而过。今日是三月三日上巳节，城外人声鼎沸，人们手拿兰草奔走祈福，欢声笑语遮盖了欢腾的河水声。

“走！咱们去城外凑凑热闹去！”年轻的女子一边奔跑一边拉起少年的衣袖。

“我已经去过一次啦！”少年有些犯懒。

“再去一次又如何？”女孩子侧过红扑扑的面庞，笑看少年，花朵在她乌黑的发间颤动，娇俏可人。

二人结伴去往洧水岸边宽阔的地方，加入热闹的人群，少年采了芍药害羞不敢赠，看透他心思的女孩子扯过他背着的双手，将芍药捧在手心，戏谑着：“胆小鬼，这花我便收下了！咱们这样算定了情。”

《郑风·溱洧》是《诗经·郑风》篇目中，除了《将仲子》外，另一篇将对话和诗言完美结合的诗作。《溱洧》讲述了郑国的一个风俗，即上巳节这一天，男女众人手执兰草，招魂驱邪，除拂不祥。在这个特定的节日里，一对彼此爱慕的少年男女，相约去城外游玩，采摘兰草，沐浴春光美好，赠芍药以定情的爱情故事。它的创作方式有些跳脱《诗经》大部分篇目的“赋比兴”手法，不拘泥四六句式和重章叠句，而是有三句、四句、五句，既勾勒出一片春意盎然，男女相悦的甜蜜热闹场景，又营造轻快、朗朗上口的可读性；既有“溱与洧，方涣涣兮”的环境大场景描写，也有“女曰‘观乎？’士曰‘既且’”的具体情境、人物对话描写。具有节奏感和简洁性的语言风格和创作形式的多样化。

这首诗中出现了两种具有重要意义的植物——蕑和勺药。蕑，即佩兰。勺药就是今天的芍药。

“犹欲悟君心，朝朝佩兰若”

佩兰，虽名中有兰，但和当代人们认识的兰花毫无关系。古代文学作品中的“兰”指的是香草。本书之所以在“群芳篇”讲述佩兰这种草本植物，一则因《溱洧》涉及草与花两种植物，不便割裂；二则佩兰与兰花在名称上极易混淆，为方便下文与兰花区分。

古代有多种植物称兰草，别名也多有混淆。一种兰草又称蕑，是今菊科的佩兰，即本篇中的蕑；一种泽兰又称香草和孩儿菊，是今菊科的白头婆，不是唇形科的泽兰（地瓜儿苗）；一种兰草又称兰花、草兰或山兰，叶如麦冬，花则极香，是今兰科的蕙兰、建兰和春兰等。

《植物名实图考》卷25《兰草》篇：“兰草，《本经》上品。《诗经》‘方秉蕑兮’，陆《疏》：‘即兰香草也，古人谓兰多曰泽兰。’李时珍集诸家之说，以为一类二种，极确。”吴氏所言与李时珍所言一致。

佩兰是菊科、泽兰属的多年生草本植物。古人上巳节所手持的兰草，应该是泽兰属的佩兰。佩兰高40～100厘米。根茎横向生长。茎为圆柱形，通常是紫绿色。

《淮南子》记载：“其叶似菊，女子、小儿喜佩之，则女兰、孩菊之名，又或以此也。”佩兰叶交互而生，树叶下部常枯萎，中部叶较大，常具有3个全裂或深裂的裂片，裂片为长椭圆形至披针形，长5～10厘米，宽1～2.5厘米，相当于成年人的手掌大小。裂片的先端

佩兰

兰花

佩兰和兰花比较图（孟祥炎 绘）

渐尖，边缘有粗齿，上部叶较小。

花朵按照一定的顺序生长在花轴上，花轴成伞房状分枝，每一分枝又形成一个伞房花序，为复伞房状，小苞片 2 ~ 3 层，花白色或紫红色，管状花 4 ~ 6 枚。花萼退化，常退变状态为毛状、刺毛状或鳞片状，这个状貌在植物学中称为“冠毛”，佩兰的冠毛为白色。远远看上去，佩兰花像绿色的海洋中，打开的白色或紫红色小伞，小伞上面还有白色的毛絮。又像白色和紫色间错开的小蘑菇，十分可爱。

《淮南子》记载：“‘男子种兰，美而不芳’，则兰须女子种之，女兰之名，或因乎此。”据《淮南子》记载，古代种植佩兰须为女性，故名女兰，女子种兰才有芳香，而佩兰花香类似薰衣草，浓郁持久。人们常用它做香枕，既有芳香化湿和抑菌消毒辟秽的作用，又具有养血安眠之功效。因此，人们又称它“醒头草”。

佩兰的果实小、干燥，果皮坚硬、不开裂，内有一粒种子。果实外形有 5 个棱角，呈现黑褐色，冠毛白色。佩兰喜欢温暖湿润的地方，生长在灌丛、湿地。分布于我国河北、山东、江苏、广东、广西、四川、贵州、云南、浙江、福建等省区。

中国的兰文化源远流长，古人爱佩兰的传统，可以追溯到孔子和屈原。相传孔子作《猗兰操》，其序云：“夫兰当为王者香，今乃独茂，与众草为伍。”他以兰自比，认为兰草之香是王者的香气，代表王的高尚品德。屈原《离骚》云：“纫秋兰以为佩。”他将兰草佩戴在身上，以彰显文人气格及追求清幽淡雅的格调。唐代李贺《公无出门》诗云：

“畡犬狺狺相索索，舐掌偏宜佩兰客。”自唐宋以后，“兰”的植物物象发生了重大变化，从菊科草本植物的佩兰，逐渐偏向代指如今的兰科植物中的兰花。

“百花之中，其名最古”

《本草纲目》载：“芍药，犹绰约也。绰约，美好貌。此草华容绰约，故以为名。”说明芍药因其花形妩媚，花色艳丽，故得形容美好容貌的“婥约”之谐音，名为“芍药”。

《溱洧》这首诗中，年轻的情侣定情之花即为芍药。《集传》载：“芍药，亦香草也。三月开华，芳色可爱。郑国之俗，三月上巳之辰，采兰水上，以拔除不详。……于是士女相与戏谑，且以芍药相赠，而结恩情之厚也。”

勺药，同“芍药”，是芍药科、芍药属的多年生草本植物。芍药有圆柱形粗壮的根。它们的茎直立，高 40 ~ 70 厘米，茎上无毛。叶子交互生长，其中，小叶子呈现狭卵形、椭圆形或披针形，叶顶端渐尖，靠近茎部则是楔形或偏斜的形状，叶子边缘具白色骨质细齿。芍药的本属植物约 35 种，分布于欧亚大陆温带地区，其中我国有 11 种，主要分布在西南、西北，少数分布在东北、华北及长江两岸各省。

《本草纲目》记载芍药：“夏初开花，有红白紫数种。”因为芍药开花较迟，故它又有“殿春”之称。宋代邵雍有《芍药》一诗云：“多谢化工怜寂寞，尚留芍药殿春风。”芍药花数朵，在茎顶部和茎与叶的

芍药（孟祥炎 绘）

交叉处生长，花径长 9 ~ 30 厘米，花瓣 9 ~ 13 枚，呈现倒卵形，有白色、粉红、紫红、黄色、绿色等色。《本草纲目》亦记载了芍药的果实：“结子似牡丹子而小。球时采根。”蓇葖果(果实中的一种,干果中的裂果)3 ~ 5 枚。

无论是《本草纲目》还是古代诗歌，芍药总是要被人拿来和牡丹比较一番，如唐代王贞白的《芍药》一诗：“芍药承春宠，何曾羡牡丹。”古人评花说，牡丹为花王，芍药为花相。为什么要比较呢？因为芍药和牡丹，乍一看，十分相似，因为它们同是芍药科芍药属的姐妹花，血缘相近。但仔细分辨，就会发现二者的不同。先用眼睛瞧一瞧，从花朵上看，牡丹花较大，富丽华贵，花瓣较圆润疏朗。而芍药的花朵较小，花瓣包裹较紧密；从叶子上看，牡丹较宽扁肥大，而芍药较尖细；从果实上看，牡丹果实比芍药果实要大一点点。再用手摸一摸，牡丹枝干较硬实，而芍药较柔软。更要注意牡丹的茎是木质的，芍药的茎是草质的，芍药到了冬季就枯萎了，因此又有“木牡丹，草芍药”之称。

芍药也是中国花卉栽培史上最古老的品种。北宋文学家王禹偁说：“（芍药为）百花之中，其名最古。”宋时虞汝明所写《古琴疏》载：“帝相元年，条谷贡桐、芍药，帝命羿植桐于云和，命武罗柏植芍药于后苑。”这里的帝相是夏朝第五代君主姒相，少康之父，距今有近四千年的历史。此处所写“条谷”在现在的山西境内。这本书中记载了夏朝的姒相命武罗将芍药种植在后花园，用以观赏，说明芍药的人工栽培历史至少有四五千年之久。而牡丹的栽培历史只有1600多年。《山海经·五藏山经》中说：“东北五百里，曰条谷之山，其木多槐、桐，其草多芍药、虋(mén)冬。”说条谷山中有野生的桐与芍药，与《古琴疏》中的说法是一致的。

芍药不仅人工栽培历史久远，更具备丰富的文化意义。它有一个浪漫的别名“将离草”，单看名字就可以想象出一幅画面：将要分别之际，赶来相送的人，折一朵芍药插在爱人或友人云鬓之上，以寄别离之愁，相思之情。在汉族传统文化中，芍药离不开一个“情”字，即可定情，也可离情。在满族信仰中，芍药花是为拯救黎民百姓而牺牲的花神，受人崇拜，因此家家房前屋后都会种植芍药，以祈祷花神保佑全家安康。若你留心一些热门清朝宫廷影视剧作品，就会发现剧中满族宫廷贵族女性旗头上插的花不是牡丹花，而是芍药花。

上巳节歌声未远，它们藏在山野间，藏在王羲之的《兰亭集序》里。溱水、洧水的湍流声仿佛烘托气氛的背景音乐，最单纯直白的爱意在这一天光明正大地被说出，男女以佩兰、芍药定情，互相祝愿这份爱情，世俗不论，唯一心一意就足够了。

植物趣知识

兰——蕙心兰质

唐代王勃《七夕赋》云："荆艳齐升，燕佳并出。金声玉韵，蕙心兰质。"由此衍生的成语"蕙心兰质"，意思是蕙草一样的心地，兰花似的本质，比喻女子心地纯洁，性格高雅。

其中，兰指兰科的兰花，有别于菊科的佩兰。

兰花是单子叶植物纲、兰科、兰属植物通称。附生或地生草本，叶数枚至多枚，通常生于假鳞茎基部或下部节上，二列，带状或罕有倒披针形至狭椭圆形，基部一般有宽阔的鞘并围抱假鳞茎，有关节。总状花序具数花或多花，颜色有白、纯白、白绿、黄绿、淡黄、淡黄褐、黄、红、青、紫。

中国传统文化中的"四君子"梅兰竹菊中的兰，也指的是兰花。因兰花花形简单，没有硕大、繁复的花、叶，没有醒目的艳态，便被古人赋予了质朴文静、淡雅高洁的气质，很符合东方人的审美标准，被评为"中国十大名花"之一。

植物小档案

佩兰

Eupatorium fortunei

别名：兰草、女兰、水香、香水兰、香草等

科名：菊科

习性：喜温暖，潮湿，耐寒，怕旱涝

状貌：高 40 ~ 100 厘米。根茎横生。茎圆柱形，淡红褐色。叶互生，下部叶常枯萎，中部叶较大，常 3 全裂或深裂，裂片长椭圆形至披针形，长 5 ~ 10 厘米，宽 1 ~ 2.5 厘米，先端渐尖，边缘有粗齿，上部叶较小。头状花序排成复伞房状，总苞钟状，总苞片 2 ~ 3 层，花白色或紫红色，管状花 4 ~ 6 枚。瘦果圆柱形，具 5 棱，黑褐色，冠毛白色。

分布：河北、山东、江苏、广东、广西、四川、云南、浙江、福建等省。

芍药

Paeonia lactiflora

别名：将离草、别离花、殿春

科名：芍药科

习性：喜温暖

状貌：根粗壮，圆柱形。茎直立，高40～70厘米，无毛。叶互生，下部茎生叶为二回三出复叶，上部茎生叶为三出复叶，小叶狭卵形、椭圆形或披针形，顶端渐尖，基部楔形或偏斜，边缘具白色骨质细齿。花数朵，茎顶和叶腋生，花径长9～30厘米，花瓣9～13枚，倒卵形，有白色、粉红、紫红、黄色、绿色等色。蓇葖果3～5枚。

分布：东北、华北、陕西及甘肃南部的山坡草地及林下。

木槿

朝开暮落，瞬息的永恒

有女同车，颜如舜华。将翱将翔，佩玉琼琚。
彼美孟姜，洵美且都。
有女同行，颜如舜英。将翱将翔，佩玉将将。
彼美孟姜，德音不忘。

——《郑风·有女同车》

扫码获取
· 植物照片
· 本诗注解

夏秋之际，天朗气清，姜家的大女儿与我同乘一辆车出门游玩，沿途木槿花开颜色好，车内姑娘的面颊也如木槿花一般，肤色白皙动人，透着绯红。只见她行动若飞鸟轻盈，仿佛要展翅翱翔天空，身上佩戴的珍贵佩玉，随着她的行动步步生辉，碰撞间发出悦耳的响声。她真美好啊！不仅身姿婀娜，更风度娴雅，品德高尚，令人向往。

《郑风·有女同车》是一首周代贵族男女的恋歌。此诗以男子的语气，赞美了女子美丽的容貌和美好的品德。女孩姓姜，“孟”在古代排行中属第一，即她是姜家的大姑娘。中国有句古话：“情人眼里出西施。”在那同乘一车的男人看来，孟姜真是“细看诸处好”，美不可言。诗人以无限的热情，从容颜、行动、穿戴及内在品质诸方面，描写了这位少女的形象。这首诗对女性样貌体态的描摹对后世文人创作影响深远，特别是“将翱将翔”一句，可谓给后世诸多名句开了先河。清姚际恒《诗经通论》指出宋玉《神女赋》“婉若游龙乘云翔”、曹植《洛神赋》“翩若惊鸿”“若将飞而未翔”等句都是滥觞于此。这首诗写俊男美女共乘一车奔游，因其不符合程朱理学对礼教的规范，被朱熹认为是“淫奔之诗”。

诗中将女子的容颜比作“舜华”“舜英”，“舜”为今天的木槿花。

《毛诗故训传》记载：“舜，木槿也。”陆玑《毛诗草木鸟兽虫鱼疏》云：“舜，一名木槿，一名榇，一名椵。齐鲁之间谓之王蒸。今朝升暮落者也。”之所以叫“舜”，是因为它朝开暮落，比喻红颜多命薄。它还有一个名字叫“朝开暮落花”，这个别名是木

木槿（孟祥炎 绘）

槿开花习性的写照。木槿一朵花只开一日，但全株的花期长达四个月。从7月份开花，一直到10月份结束。白居易《劝酒寄元九》诗云有“薤叶有朝露，槿枝无宿花”，点明了木槿花期短的特性，李商隐对之也有“风露凄凄秋景繁，可怜荣落在朝昏”的叹息。有《咏木槿花》诗曰：“颜如舜华迎紫霞，瞬看繁华娇天涯。暮落不悲容艳好，旭日依旧无穷花。”

因其花期短，花开又娇艳，用一天演完一生的绚烂，竟有些“自古好物不长久”的伤逝之感。

木槿是锦葵科、木槿属落叶灌木。《本草纲目》卷三十六有《木槿》：“槿，小木也。可种可插，其木如李。其叶末尖而有桠齿。其花小而艳，或白或粉红，有单叶、千叶者。五月始开，故逸书《月令》云‘仲夏之月木槿荣’是也。”

木槿的茎高3～4米，树枝细小，上面被黄色星状绒毛密密地覆盖。叶子为三角状卵形，长3～6厘米，宽2～4厘米，一片叶子上通常为3个裂片，裂片最前端比较圆钝，到靠近茎部的地方又变成了楔形，边缘是不整齐齿缺状的。

木槿花单生于叶腋，即叶和茎交叉之处，花萼看上去像一口小铜钟，长14～20毫米，长出的花也为小钟形。一到春天，春风好似钟锤，敲击分为5片的倒卵形的花瓣，仿佛能听见清雅的花香在风中歌唱。因此它又有一个别名叫“喇叭花”。花有紫红色、红色或白色。

木槿花中有一种常见品种——粉花红心单瓣木槿。它最好看的一面是，在五片粉白的花瓣中，靠近花蕊的一圈为深红色的花心，就好像汉代少女的梯形唇妆，先将整个嘴唇涂成粉红色，再在嘴唇中间位置画一个上半部圆润、下半部稍宽的朱红妆，颇有些白居易笔下“樱桃樊素口”的娇俏可人。这花心一点，是大自然的巧夺天工。远看只见状貌，似乎美则美矣，无甚惊喜；捧一朵近看，就惊讶于花心中的一点朱红，不禁令人赞叹一句：“真乃点睛之笔也！”

识人也大抵如此，萍水之交怎么会察觉对方身上的闪光点？只有靠近了，才会惊喜于此人或风趣有才，或品德高尚，或风情雅致。《郑风·有女同车》中的男子也是通过同乘一车的郊游，发现了姜氏女美丽外貌下的一颗玲珑心，一种珍贵如宝的品性，才由衷地赞叹“彼美孟姜，德音不忘”吧！

碧绿的叶间，朵朵大花间错在鼓鼓囊囊的花苞，风过处，如一群不谙世事的妙龄姑娘，正当年华好，羞涩依人。

它们不像郁李繁复簇拥，如明清贵族女子穿上里外多件华服，生怕露出一点肌肤；也不像芍药层叠交错，如大唐盛世的雍容贵妇，裙裾间绰约可见肌肤如瓷；木槿花大而美，看上去更像大汉风雅的女子，瘦身，简约，单薄又不失韵味。

《本草纲目》记载木槿：“结实轻虚，大如指头，秋深自裂，其中子如榆荚、泡桐、马兜铃之仁。种之易生。”木槿的蒴果为卵圆形，直径约 12 毫米，差不多和人的手指头一样大小。种子呈现人的肾形。木槿适应性强，原产我国中部各省，现在分布于全国各地，也是园林景观栽培种植的优良花卉。

中国当代油画拍卖价最高的作品之一——吴冠中的《木槿》，就是1975年，油画大师吴冠中蜗居在北京什刹海的一个大杂院创作出来的，彼时他尚未成名，作品风格未定，生活困顿，居住的房屋破败，庭院荒芜，唯有庭前一株木槿长得欣欣向荣，高大得甚至超过了房檐。

某一个夏日，这株木槿竟悄然开出了满树耀眼的白花，仿佛铅华洗尽般素雅。时值盛年的吴冠中被这株木槿深深地吸引，他久久地徘徊于树下，想找出木槿花生命之美的奥秘。白色的木槿花很静、很轻、很淡，有一种摄人心魄的力量，让吴冠中仿佛进入了禅定般的境界。

他洗笔、端盘、调色、摆架、铺布，庭前木槿径自芳华，笔下木槿灼灼生姿，花开花落间，一幅油画《木槿》诞生了。这幅作品也是吴冠中最爱的作品之一，更深受海外收藏界的追捧。

木槿的美，不在其样貌，而在其短暂。《月令》将它命名"仲夏夜之花"，夏夜星空明朗，花开欢喜，带着一瞬即永恒的期待，落入情人之眼，眼前人如花中木槿，娇艳动人。这是同乘一车的男子眼中的姜氏女，也是他梦想拥有的爱意。

植物小档案

木槿

Hibiscus syriacus

别称：蕣英、舜华、椴、榇、日给、日及等

科名：锦葵科

习性：喜阳

状貌：茎高3～4米，小枝密被黄色星状绒毛。叶三角状卵形，长3～6厘米，宽2～4厘米，通常3裂，先端钝，基部楔形，边缘具不整齐齿缺。花单生于叶腋，花萼钟形，长14～20厘米，5个裂片，三角形，花钟形，有紫红色、红色或白色，直径5～6厘米，花瓣倒卵形，长3.5～4.5厘米。蒴果卵圆形，直径约12毫米。种子肾形。

分布：我国中部各省均有栽培。

渥丹

花开万寿无疆

终南何有？有条有梅。君子至止，
锦衣狐裘。颜如渥丹，其君也哉！
终南何有？有纪有堂。君子至止，
黻（fú）衣绣裳。佩玉将将，寿考不亡！

——《秦风·终南》

扫码获取
· 植物照片
· 本诗注解

巍峨绵延的终南山上，有什么呢？有茂盛的柚子和楠木，有宽阔平坦的草坡，也有山棱和险坡。山上来了一位君子，只见他身着锦绣华服，这华服内里狐白裘，外罩织锦衣，上衣青白相间，下裳五彩绚烂，再瞧他面色红润像涂了丹红，一身华贵气，莫非他是“我”的君主？一定是的，看他缓步行走，步履雍容，身上佩玉响叮当。行分封祭祀之礼，“我”与众人俯首期盼君主，富贵寿考莫相忘！

《秦风·终南》这首诗如同一场“秦王分封典礼”实时直播。《史记·秦本纪》载：“（周）平王封襄公为诸侯，赐之岐以西之地。其子文公，遂收周遗民有之。”西周为解决同性宗族权力分配问题，实行分封制，配合嫡长子世袭制并行，嫡长子世袭王位，诸多庶子分封为王，派到西周王朝各个地方。这首诗作于秦襄公立国时期，讲得是周平王封了秦襄公为诸侯，分封岐山以西的地域为他的领土，周民随秦襄公迁到终南之地，带着从王都来的优越感，向终南的百姓炫耀。而当地居民看见华服新君，有些惶惑和疑虑，不免发出“其君也哉”的疑问和惊叹。这是我们的新君主吗？他能做到修德爱民，如终南之山一样令万民敬仰吗？忐忑不安，喜忧参半中，一句“寿考不忘”，将当地居民的祝福、叮咛、告诫、期望等种种难以直言的复杂的心境委婉道出。清代方玉润《诗经原始》云：“美中寓戒，非专颂祷。”道出这首诗的主旨，即通过讲述秦襄公分封，万民祝祷之事，劝诫君主做一个明君。

这首诗中，形容秦襄公的面容，用了一个词“颜如渥丹”。“渥丹”，汉字学家认为丹是红色颜料，渥者，泽也，为赭的别字。他们不认为这

渥丹（孟祥炎 绘）

首诗中的渥丹是一种植物，实际上有这种植物。

渥丹的花色红润，十分可爱，像极了人的面色。自《秦风·终南》开始，历代文人频繁使用渥丹形容人的面庞及其容貌易老，比如宋欧阳修《秋声赋》云："而况思其力所不及，忧其智之所不能，宜其渥然丹者为槁木，黟然墨者为星星。"

渥丹是百合科、百合属的一种多年生植物。渥丹在地下水平生长着粗壮的茎，在其上长出新的根和芽，呈现鳞形，即为植物学上所说的变态茎的一种类型——鳞茎。鳞片抱合而成，被人们赋予"百年好合""百事如意"的象征意义。因此，渥丹自古以来也被视为婚礼必不可少的吉祥花卉。

渥丹地上的茎高 40 ~ 60 厘米，少数靠近地面的茎基部呈现紫色。株茎挺拔、直立，姿态异常优美。叶子散生，条形，似翠竹，沿茎有规律地生长，长 3.5 ~ 7 厘米，宽 3 ~ 6 毫米，叶子稀松地，懒洋洋地从茎上向四周伸展，细看，叶子上的脉络有 3 ~ 7 条。

渥丹花是百合属，自然具备常见百合的基本样貌，花开 1 ~ 5 朵，花被 6 片，排成总状花序，花直立，星状开展，为深红色，花瓣长 2.2 ~ 3.5 厘米，宽 4 ~ 7 毫米，向四方延展，没有反卷，长得像小喇叭，犹如一个个身着红袍华服的贵公子，舒展挺立，尽显高雅，还散发出隐隐的幽香。渥丹花瓣光滑没有斑点，在阳光的照耀下，还反射出一点点深红色的光泽，若是雨后，花瓣上挂了晶莹剔透的水珠，用微距镜头高倍放大，透过水珠，好像看到了一个火红的异域世界，光泽动人。花期在六七月。

渥丹花美丽光艳，红润可人，正如丹砂一般，因此也被誉为“云裳仙子”。

“渥丹”一名，最早见于明人宋诩的《竹屿山房杂部》：“渥丹……古名山丹，花小于百合。”清代陈淏子的《花镜》也说：“山丹，一名渥丹，一名重迈。”可见古人并没有严格区分什么是渥丹，什么是山丹。还有一种植物叫卷丹。这几个“丹”别说是当代非植物学专业人士觉得混乱，就连古籍中也记载得语焉不详。

最早著录“山丹”这一名称的，是唐代孟诜撰写的《食疗本草》：“百合红花者，名山丹。”但该书没有具体描述其形态特征，故难以判断是否为真正的山丹。

最早描述卷丹特征的是宋人苏颂等编撰的《图经本草》：“百合三月生苗……又一种花红黄，有黑斑点，细叶，叶间有黑子者，不堪入药。”该书虽未说出这种花的名称，但据其描述的特征，可判断写的就是卷丹。

那么，在古籍中记载如此混乱的渥丹、山丹、卷丹到底是不是一种植物呢？如果不是，又怎么分辨呢？

其实，广义上的山丹丹花，包括百合科百合属的山丹、卷丹和渥丹，这三种花形态相似，花色相近，极易混淆。大概古人“偷了懒”，又或者是古人自己也时常分不清这三种花，便索性不想细分了，混称为山丹。这种误解，一直到李时珍的《本草纲目》面世后，才得以纠正。

但是，山丹与渥丹是同属的两种相近的植物，人称姊妹花。在花被片未卷时，难以区分。待花叶成熟，便长出了各自的特色。

山丹花较大，花被片较长（4 ~ 4.5 厘米），花柱比子房稍长或长一倍多。而渥丹花小，花被片稍短（2.2 ~ 3.5 厘米），花柱比子房短。清代吴其浚的《植物名实图考》对山丹的描述最准确：“山丹，叶狭而长，枝茎微柔，花红四垂，根如百合而小，瓣小。《洛阳花木记》有红百合，即此。”

花瓣大小仅有一厘米之差，肉眼很难分辨，还有一个小妙招教给大家。我们只需要从花朵是否向外反卷，是否有斑点，这个明显特征就可以轻而易举地区分渥丹和山丹。

山丹花的花朵下垂，花瓣向外反卷，通常无斑点，有时近基部有少数斑点。渥丹盛开后也是花开六瓣，但不下垂，花瓣不向外反卷，颜色鲜红，无斑点。

另外一种卷丹，在开花后与山丹一样向下垂，它与山丹最大的区别就是花瓣上密布着紫黑色的斑点，花多为橙色。吴其浚对卷丹的描述也很准确：“卷丹，叶大如柳叶，四向攒枝而上，其颠开红黄花，斑点星星，四垂向下，花心有檀色长蕊，枝叶间生黑子，根如百合。”

虽然渥丹和山丹有一些明显的区别，但是在陕北地区，人们习惯性统称它们为“山丹丹”。其中，因为渥丹花开红艳，宛若星星之火，而陕北又是中国红色革命的发源地之一，因此，渥丹便被赋予了红色革命的象征意义。陕北民歌《山丹丹开花红艳艳》就是以此为主题创作而成的。

当如渥丹般的星星之火燎原了中华大地，在中国共产党的领导下，大国风范，令世界不可小觑。回首千年之前的春秋时期，被正式列为诸侯的秦国第一任国君秦襄王，虽面若渥丹之红，却难掩王者之气，他在终南之山祭祀天地，开启了秦国征战四方之征程。历经诸代，秦国最终灭六国，开创大一统的辉煌历史。

植物趣知识

柚子——自丝路西传

《秦风·终南》一诗中有“终南何有？有条有梅”之句，其中的“条”，即今之柚子。《尔雅·释木》中说：“柚，条。”注曰：“似橙，实酢，生江南。”

《本草纲目》卷30《柚》篇中说：“‘释名’櫾（与柚同），条《尔雅》，壶柑（《唐本》），臭橙（《食性》）朱栾。‘时珍曰’：‘柚色油然，其状如卣，故名。’壶亦象形。今人呼其黄而小者为蜜筩，正此意也。”

柚子是芸香科、柑橘属植物，本属植物约20种，原产亚洲东南部及南部，现在热带及亚热带地区常有栽培。我国原产加引进栽培的约有15种，其中多数是栽培种，主要产于长江以南的广大地区。

柚子原产中国，有4000余年的栽培史，早在《尚书·夏书·禹贡》中已有记载。柚子在我国被栽培利用的历史久远，公元前5世纪《周书》中记有“秋食栌梨橘柚”，公元前3世纪《山海经》第五卷《中山经》中记有“又东此三百五十里，曰纶山……其木多柤、栗、橘、柚等”。公元前3世纪，吕不韦在《吕氏春秋》记载：“果之美者，江浦之橘，云梦之柚。”晋朝左思“欲赋三都，遂构思十年”，《三都赋》写成后，“豪贵之家竞相传写，洛阳为之纸贵”，其《三都赋·蜀都赋》中就有“家有盐泉之井，户有橘柚之园。其园则林檎枇杷，橙柿梬楟”的优美章句。

西汉时，香柚、甜橙和蜜橘通过丝绸之路传往伊朗、希腊、阿拉伯等国，现早已香飘世界了。中国古代有个船长叫谢文旦，把此类水果传入日本九州，柚有一别名文旦，就是为了纪念他。现在我国的柚遍布两广、两湖、云贵、闽浙、四川、台湾等地区。其中福建的“坪山柚”“文旦柚”、广西的“沙田柚”是驰名中外的优良品种，它们与泰国的“罗柚”一起并称为“世界四大名柚”。

植物趣知识

楠木——树中金子

《秦风·终南》一诗中有“终南何有？有条有梅”之句，其中的“梅”和《召南·摽有梅》中的“摽有梅，其实七兮”中的“梅”并非一物。前者为楠木，后者为酸果。

据清代《植物名实物图考长编》卷18《枏（nán）木》篇：“《说文解字注》：枏，梅也。……《召南》之梅，今之酸果也。《秦》《陈》之梅，今之楠树也。楠树见于《尔雅》者也。酸果之梅，不见于《尔雅》者也。”郭璞注云：“枏大木，叶似桑，今作楠。”

楠木是樟科、楠属植物。本属植物约94种，分布于亚洲及拉丁美洲的热带地区。我国有34种，3变种，产长江流域及以南地区，以云南、四川、湖北、贵州、广西、广东最多。楠木喜温暖湿润环境，树干通植圆满，树姿优美，可栽培观赏，是著名的庭院观赏和城市绿化树种。楠木材质优良，高大端直，为良好的建筑和家具用材。因历代砍伐过度，森林资源近于枯竭，现存楠木大树极少。

上文介绍的是樟科楠属的楠木。一般也把枝叶相似，材质相近的樟科的润楠属和赛楠属树木统称为楠木。它们中有高大乔木，也有灌木。它们木材坚实，结构细密，是建筑、家具、舟船的优良用材。

植物小档案

渥丹

Lilium concolor

别名：山丹丹、中庭花、红百合、红花菜等。

科名：百合科

习性：喜阳

状貌：有鳞茎卵球形，白色。茎高40～60厘米，少数近基部带紫色。叶散生，条形，长3.5～7厘米，宽3～6毫米，脉3～7条。花1～5朵排成总状花序，花直立，星状开展，深红色，无斑点，有光泽，花被6片，矩圆状披针形，长2.2～3.5厘米，宽4～7毫米，不反卷。蒴果矩圆形。

分布：河南、河北、山东、山西、陕西和吉林。

凌霄

生命的另一种攀援

苕之华，芸其黄矣。心之忧矣，维其伤矣！
苕之华，其叶青青。知我如此，不如无生。
牂（zāng）羊坟首，三星在罶（liǔ）。
人可以食，鲜可以饱。

——《小雅·苕之华》

扫码获取
·植物照片
·本诗注解

凌霄盛开，一片黄色迷人眼，叶子青青，葱茏可人，可“我”无心欣赏这花色正好，只感到内心忧愁、伤心，早知道“我”过得是如此饥寒交迫的日子，当初不如不出生。看看羊圈里的母羊因没有粮草可吃，都饿得瘦骨嶙峋，更显得羊头硕大，它也如“我”一般伤心吧，即使咩咩叫，也惊动不了没有鱼虾，空留群星落满的水面。“我”的鱼篓空空如也，就算人吃人，也没有几个可以吃的人了。

《小雅·苕之华》产生于西周末年，是哀饥民之不幸而作。《毛诗序》说：“《苕之华》，大夫闵时也。幽王之时，西戎、东夷交侵中国，师旅并起，因之以饥馑，君子闵周室之将亡，伤己逢之，故作是诗也。”饥荒之年，食不果腹，饿殍遍野。能将饥荒之年的凄惨场景描写得如此详尽，一定是亲眼所见此情此景之人。这首诗的绝妙之处就在于以细微处彰显主旨，清代王照圆《诗说》评：“举一羊而陆物之萧索可知，举一鱼而水物之凋耗可想。”羊连最常见的草都吃不到；水泊到处都是，其中却连一条鱼都没有，可见食物匮乏，更不敢想人能吃什么？周代残酷的社会现实与人民苦难在这短短的三行诗中，展露无遗，一句“知我如此，不如无生”更是极尽悲愤诘问之能事，体现了强烈而深刻的悯时伤乱和忧患意识，凸显了《诗经》作为现实主义艺术创作起源的重要地位。

《诗经》中的“苕”是指两种植物，一指豆科的紫云英，一指紫薇科的凌霄。它们是同名异物。《国风·陈风·防有鹊巢》载有“苕”花：“防有鹊巢，邛有旨苕。”这里的“苕”是指紫云英，人们也熟知。本篇《小雅·苕之华》中的“苕”指凌霄。

《神农本草经》最早记载凌霄，说它原名“紫葳”。“凌霄”之名始见于《唐本草》，该书在“紫葳”项下注曰：“此即凌霄花也，及茎、叶具用。”李时珍在《本草纲目》中记载更为详细：“俗谓‘赤艳’曰‘紫葳’，此花赤艳，故名。附木而上，高数丈，故曰‘凌霄’。”《小雅·苕之华》云：“苕之华，芸其黄矣。”宋代罗愿的名物训诂著作《尔雅翼》载：“苕，陵苕。黄华蔈，白华茇（yǒu）。华色既异，名亦不同。今凌霄花，是也。蔓生乔木，极木所至，开花其端。”

古籍和药典中对于凌霄的记载颇多，但语言艰涩，不为普通读者理解。其实，凌霄也是经常出现在当代人日常生活中的一种花卉。

凌霄是紫葳科、凌霄属落叶木质攀援藤本植物。花茎为枯褐色。花叶相对而生，分离的小叶呈现卵形至卵状披针形，以奇数的数量，通常是 7 ~ 9 枚，共同着生在一个叶柄上，在植物学上称为羽状复叶，长 4 ~ 9 厘米，宽 2 ~ 4 厘米，叶子顶端呈现逐渐变尖的鱼尾形，靠近茎处的叶子末端为阔楔形，两侧不等大，叶子边缘有粗锯齿。与同等大小的单叶来比较，虽然叶片的总面积减少了，但遭受风雨水所加到叶片上的压力或阻力却小得多，这是凌霄对环境的一种适应能力的表现。

凌霄的花朵看上去像一个一个的小喇叭或者小漏斗，短圆锥形，花序轴长 15 ~ 20 厘米，有 5 片花萼，花瓣和花萼均为钟状，花瓣为橙黄色或大红色。凌霄花开时节，入眼灿若云霞，如宋代舒岳祥《咏凌霄花》诗云：“拼把长缨縻落月，乱飘丹粉染晴霞。”赵蕃《咏智门佛殿前凌霄花与斯远同作》诗云：“层叶圆如葆，高花艳若烧。”梅尧臣诗《和

凌霄（孟祥炎 绘）

王仲仪二首·凌霄花》云："仰见苍虬枝，上发彤霞蕊。"好似大自然执了水彩，在白墙黑瓦之外，挥一笔斜阳入院墙。

不像簇生的花朵，凌霄花朵疏散地分布，在枝叶的顶端绽放，像汲取了枝叶的养分后，更呈现亭亭玉立之姿，昂首挺胸地站在枝叶的顶端，吹奏欢快的生命赞歌。

从初夏盛开到秋天，因其花开时枝梢仍然继续蔓延生长，且新梢次第开花，所以花期较长。夏季凌霄在宋代陆游的笔下是《夏日杂题八首》（其二）："满地凌霄花不扫，我来六月听鸣蝉。"秋季凌霄落在唐代元稹《解秋十首》诗中又是"寒竹秋雨重，凌霄晚花落"的景象。更有明代凌云翰《沁园春》词曰："树上凌霄，堂前紫荆，秋来尚芳。"

在中国，凌霄还是连云港市的名花之一，连云港市新浦区南城镇素享"凌霄之乡"美誉。

凌霄有一个最大的特性——攀援。它可以以气生根攀附于他物之上。人们利用凌霄的这一特性，用细竹支架编成各种图案，让凌霄沿着支架生长，攀援的凌霄逐渐成为庭院中一幅大自然的"手工画"。有人喜欢这种因攀援而随意造就观赏之景的凌霄，赞叹它傲立枝头，一路生长，好似志存高远的入世之人，比如宋代贾昌期作《咏凌霄花》一诗云："披云似有凌霄志，向日宁无捧日心。珍重青松好依托，直从平地起千寻。"

也有人鄙视它的这种生命力建立在攀援其他物体上，缺乏根骨，不具备独立意识，白居易诗《咏凌霄花》云："有木名凌霄，擢秀非孤标；偶依一株树，遂抽百尺条。托根附树身，开花寄树梢；自谓得其势，无因有动摇。一旦树摧倒，独立暂飘飖；疾风从东起，吹折不终朝。朝为拂云花，暮为委地樵；寄言立身者，勿学柔弱苗。”诗中详尽地说出凌霄攀援在树木之上，一旦树木摧倒，凌霄叶会立刻不知栖身何处，走向死亡。借他人立世之路而行自己的生存之道，永不长久。白居易借凌霄这一特性，劝说世人要自立，不要依附于他人。当代诗人舒婷有一首著名的诗歌《致橡树》，诗中说道：“我如果爱你——绝不像攀援的凌霄花，借你的高枝炫耀自己。”将对具有攀援生活习性的凌霄的贬低之情溢于言表。

但是，作为植物，凌霄不懂人类的好恶。它只是为了活着，攀爬也好，向阳也好，它用不断蜿蜒的花枝发出呼喊，只要有物体可以让它借力生长，长成什么样，长到多远的地方，都不重要。好好活着，是最难也最酷的事情。

生活总是苦的，过着过着，也许苦难就这么熬过去了。虽然怨愤“不如不生”，虽然不知饥寒交迫的日子何时到头，但那瘦弱的饥民拖着虚浮的脚步还在寻找一线生机。

植物趣知识

紫云英——邛有旨苕

《陈风·防有鹊巢》篇中的“苕”指紫云英。《植物名实图考》卷4《翘摇》篇中说：“《诗》曰：‘邛有旨苕’，苕，一名苕饶，即翘摇之本音，苕而曰旨，则古人嗜之矣。《野菜谱》有板翘翘，亦当作翘翘。”翘摇即紫云英。

马瑞辰《毛诗传笺通释》记载：“‘邛有旨苕’，《传》：‘邛，丘也。苕，草也。’瑞辰按：……是苕生于下湿。今诗言‘邛有’者，亦有喻谗言之不可信。”

紫云英因其成片远远望去犹如紫云弥漫而得名。它是豆科，又称米布袋、碎米荠、苕饶、翘摇、翘摇车、板桥桥、柱夫、摇车、红花菜、野蚕豆、铁马豆等，是一年生或越年生草本植物。紫云英主根较肥大，一般入土40～50厘米。茎直立或匍匐，枝斜上，株高20～40厘米，茎圆形中空柔嫩多汁，有疏茸毛。叶为奇数羽状复叶，具7～13枚小叶。小叶倒卵形或椭圆形，长5～20毫米，宽5～10毫米。腋生伞形花序，常有小花8～10朵，簇生在花梗上，萼钟形，花冠紫色或黄色。荚果条状矩形，稍弯，无毛，顶端有喙。

植物小档案

凌霄

Campsis grandiflora

别名：陵苕、陵时、陵霄、堕胎花、鬼目、倒挂金钟等

科名：紫葳科

习性：喜阳

状貌：茎枯褐色。叶对生，为奇数羽状复叶，小叶7～9枚，卵形至卵状披针形，长4～9厘米，宽2～4厘米，顶端尾状渐尖，基部阔楔形，两侧不等大，边缘有粗锯齿。顶生疏散的短圆锥花序，花序轴长15～20厘米。花萼钟状，5裂，花冠内面鲜红色，外面橙黄色，长约5厘米，裂片半圆形。蒴果细长，顶端钝。

分布：我国南北各地均有栽培。

后记

寻找《诗经》里的植物

《诗经》是我国古代的第一部诗歌总集，在文学史上具有崇高的地位；它又是我国古代的百科全书，广泛涉及古代先民的生产、生活、征战和爱情等。其中记述的植物繁多，由于历史久远，植物名称发生嬗变，其中多数植物的古今名不一致，还有一些误注和遗漏。

《诗经》在人们心目中，是尊贵的“东方圣经”，它记录着文明古国的古代文化。《诗经》中有的内容是对统治阶级的赞颂，更多的篇章是对广大民众生产、生活和思想的写照。《诗经》被誉为我国古代的百科全书，是恰如其分的。《诗经》积淀了先秦的文化和科学认识，标志着先秦的科学水平，反映了我国农耕时代的诸多特征。其中记述的植物繁多，包括农作物、乔木、灌木、藤本植物、草本植物、水生植物和蕨类植物等。这些植物各自的生长环境不同，了解这些植物的种类、生长环境、性状和用途，有助于重新认识先民的生活方式、生活环境、风土民情、农业开发、植物利用和文化传统等。

《诗经》时代毕竟离开我们久远了，掀开《诗经》的第一页，“关关雎鸠，在河之洲”，那熟悉的诗句里有条河，挡住了今人的去路，所以，我们无法真正进入文字背后的生活，无法回到《诗经》的时代。或者说，我们无法恢复古人的那份单纯与天真，也难以知晓他们为之动情的事与物。然而，其中“参差荇菜，左右采之”“陟彼南山，言采其薇”“昔我往矣，杨柳依依”使我们感知到在先民们的爱情与生活中，隐约地散发着温馨的植物的气息。

“蒹葭苍苍，白露为霜。”“蒹葭”是因为一位美丽的守望者而出名的。《诗经》时代的爱情，是以蒹葭作为标本的。“贻我来牟，帝命率育”言明古人赖以生存的作物。“采葑采菲，无以下体”描绘了采菜活动。“坎坎伐檀兮，寘之河之干兮”见证了劳作的艰辛……由于历史久远，植物名称发生嬗变，其中的荇菜、蒹葭、来、牟、葑、菲是些什么植物呢?

《诗经》中还记述了许多古朴的植物，譬如苌楚、卷耳、芣苢、堇葵、荼、楚、蘩、栵、栩……有位诗人说：“我们通过这些生僻的名字，徒劳地追忆某种遥远的生活和已逝的风景。月光如水的夜晚，窗外洋溢着往事混杂的莫名的芳香，我们仿佛洞察到那些静若处子、纤尘不染的植物，重重封锁住道路、篱笆、井台和远方的家园——像一幅饱经沧桑的褪色的插图。”

古往今来，人类将生物融进了文学和艺术，使之进入了诗词歌赋，表现出生物的色彩美、形象美、动作美、生机美和大自然的和谐美。生物进入了诗，就是诗的一部分，它的象征意义、比兴的效果，使诗意大增，意境丰满。是它们活化了诗，升华了诗。假如你不认识那些植物是何物，你能很好地理解诗意吗？孔子在赞扬“诗三百”时曾说，读诗可以“多识于鸟兽草木之名”（《论语·阳货》）。封建时代的文人虽学文也兼识草木鸟兽，将不识者视为一耻，但现在学科分科过细，学文不学理，懂文学诗词，却不懂生物学，实在是一大遗憾。当今我国倡导文理渗透、学科交叉，是件大有裨益的事情。

有学者说：“六经中唯诗易读，亦唯诗难解。”解经的困难尤以诗中的动植物为甚。解读《诗经》中的动植物历史上多有随注《诗经》而注释，仅以名称注名称，况且在今天看来都已成为古名，很难确认是今天的什么动植物。专著也有几本，从三国吴国陆玑的《毛诗草木鸟兽虫鱼疏》，经清代徐雪樵的《毛诗品物图说》到陆文郁的《诗草木今释》，是祖先留给我们的宝贵遗产。然而这些注释都距离我们久远了，有不少错误和遗漏，很有必要进行再考证。

《诗经》文化资源中的植物考证，首先要从正名开始，其创新之处体现在复活植物古汉名上。该项研究是文理渗透、交叉学科的一项研究成果。作者应用现代植物分类学和训诂学相结合的方法考证了《诗经》中的136种植物（本书选择25种详细讲解），沟通古今，沟通中外（植物古汉名—现代汉名—拉丁名三沟通），增补了两种植物荏和渥丹；校正了过去对楛、栵、梅、杻、苕等植物的注释，在拯救古文化资源方面有其独特的价值。同时，对每种植物加注了拉丁名，世界通用，有助于我国的古代文化走向世界，在拯救古文化方面有其独特的价值。

沟通了植物的古今名称

荇菜（杏菜）；卷耳（苍耳）；芣苢（车前）；楚（牡荆）；蒌（蒌蒿）；蘩（大籽蒿）；薇（救荒野豌豆）；藻（杉叶藻）；蓬（飞蓬）；棘（酸枣）；匏、壶、瓠（葫芦）；葑（芜菁）；菲、庐（萝卜）；荼、苦（苦苣菜）；苓（虎杖）；茨（蒺藜）；唐（菟丝子）；来（小麦）；椅（山桐子）；桧（圆柏）；芄兰（萝藦）；谖草（萱草）；木瓜（皱皮木瓜）；木桃（毛叶木瓜）；木李（木瓜）；蒲（宽叶香蒲）；萧（牛尾蒿）；麻、苴（大麻）；杞（杞柳）；檀（青檀）；舜（木槿）；菡萏（莲）；龙（红蓼）；莠（狗尾草）；莫（酸模）；枢（刺榆）；栲（野鸭椿）；杻（具柄冬青）；椒（花椒）；栩、栎、柞（麻栎）；蔹（乌蔹莓）；条（柚）；梅（楠木）；棣、常棣、常、郁（郁李）等。

鸦片战争后，西方的植物学传入中国，用双名法命名植物。这样命名植物比较科学，不易造成混淆。我们这次考证《诗经》中的植物是用拉丁文双名法记述植物的，可以准确地记述植物，也可以克服《诗经》中植物的同名异物和同物异名现象，也有利于我国古代文化走向世界。作者考证出的136种植物，做到了植物古汉名—现代汉名—拉丁名三名沟通。

增补了两种植物

荏：《大雅·抑》篇“荏染柔木，言缗（mǐn）之丝”中的“荏”，以前学者不认为是一种植物，认为“荏染”有柔之义。如陈奂《诗毛氏传疏》：“《巧言》《传》云，荏染，柔意也。柔木，椅桐梓漆也。”朱熹《诗集传》：“柔木，柔忍之木也。”

作者认为荏是一种植物，诗中的荏是指荏油，染是涂染。“荏染柔木”是将荏油涂染到制作乐器的柔木上。然而产荏油的植物有两种，一种是荏（白苏），一种是荏桐（油桐）。两者都产油，并都有荏油之名称。从时间方面分析，荏被认识和利用较早，荏桐则较晚。据《植物名实图考》卷25《荏》篇：“荏，《别录》中品，白苏也。南方野生，北方多种之，谓之家苏之，可作糜、作油。”《名医别录》为梁代医药家陶弘景所著，问世时间约在公元6世纪。又据《植物名实图考》卷35《罂子桐》篇：“罂子桐，《本草拾遗》始著录。即油桐，一名荏桐。湖南、江西山中种之取油，其利甚饶。”

《本草拾遗》为唐代陈藏器所著，时间在唐开元二十七年即公元739年。从时间上看荏（白苏）被利用较早，《诗经》中记的荏可初步判定为荏（白苏、紫苏）。从地域分析，也是荏被利用的可能性大。《大雅》中的诗，产生的时间上限不出周初，下限至幽王，为西周三百余年的作品，不涉及平王东迁的史实，更未及春秋时代。《大雅》中的作品绝大多数都是记述京城、王室的事。西周的京都在陕西秦川，而秦川不产荏桐（油桐），荏桐产地主要在长江流域，而荏（白苏）则分布全国，现在陕西省仍有种荏（白苏）者。在我国古典著作上，称叶全绿的为白苏，称叶两面紫色或面青背紫者为紫苏。近代植物分类学者认为二者属同一种植物，其变异是因栽培而引起的。

渥丹：《秦风·终南》篇“颜如渥丹，其君也哉”中的渥丹，以前《诗经》的注释者一般把它注为“润泽”的意思，不认为是一种植物。如郑玄《毛诗正义》：“渥，厚渍也。颜如厚渍之丹，言赤而泽也。”

作者认为渥丹应是一种植物。据《植物名实图考》卷3《山丹》篇：“……《洛阳花木记》有红百合，即此。或曰渥丹花，殷红有焰，陈傅良诗‘山丹吹出青藜火’，摹其四照也。”现在认为山丹与渥丹是两种特征相近的植物。在花被片未卷时，难以区分，古代常将两种混称山丹。但山丹花较大，花被片较长（4~4.5厘米），花柱比子房稍长或长一倍多。而渥丹花小，花被片稍短（2.2~3.5厘米），花柱比子房短。花色红里透白，十分可爱，诗以渥丹之色喻其美貌。如白居易诗曰：“酡颜已渥丹。”朱子诗曰：“因君赋山丹，恍复见颜色。”“颜如渥丹”与“颜如桃花”是类同句。

校正了过去的注释

楛：《周南·广汉》一诗有“翘翘错薪，言刈其楚”之句，其中的“楚”即牡荆，或称黄荆。据《本草纲目》卷36《牡荆》

项下记载："牡荆'释名'黄荆、小荆、楚。'时珍曰'：'古者刑杖以荆，故字从刑，其生成丛而疏爽，故又谓之楚，济楚之义取此。'荆楚之地，因多产此而名也。""楚"在现代植物学上仍称牡荆（属马鞭草科）。过去注《诗经》的人误把"楚"和"楛"混称为牡荆。在《大雅·旱麓》中有"瞻彼旱麓，榛楛济济"之句，其中的"楛"应为单叶蔓荆，与牡荆同属马鞭草科。据《植物名实图考》卷33《蔓荆》篇："蔓荆，《本经》上品。又牡荆，《别录》上品，即黄荆也。子大者为蔓荆，有青、赤二种；青者为荆，赤者为楛，北方以制莒筐篱笆，用之甚广沙地亦种之。"说明荆与楛是两种植物。

栵：《鄘风·定之方中》一诗有"树之榛栗，椅桐梓漆"之句，"栗"即壳斗科的板栗。《大雅·皇矣》一诗中的"修之平之，其灌其栵"的"栵"，有的注《诗经》者，误与"栗"混称为板栗。据《植物名实图考》卷32《茅栗》篇："茅栗野生山中。《尔雅》栵栭（ér），注，树似槲樕而卑小，子如细栗可食，今江东亦呼为栭栗。《诗》，其灌其栵。陆玑《疏》，木理坚韧而赤，可为车辕，即此。"《本草纲目》卷29《栗》篇："小如指顶者为茅栗，即《尔雅》所谓栭栗也，一名栵栗，可炒食之。"由此可见栵即茅栗，与栗（板栗）同属壳斗科，特征相近，果实较小，不如板栗大。

梅：《秦风·终南》一诗有"终南何有？有条有梅"之句，其中的"梅"和《召南·摽有梅》的诗句"摽有梅，其实七兮"中的"梅"并非一物。据《植物名实物图考长编》卷18《柟（nán）木》篇："《说文解字注》：柟，梅也。……按《释木》曰：梅，楠也。《毛诗》

《秦风》《陈风》《传》皆曰：梅，枏也。与《尔雅》同。但《尔雅》《毛传》皆谓楩枏之枏。毛公于《召南》摽有梅，《曹风》其子在梅，《小雅》四月侯栗侯梅，无传。而《秦》《陈》乃训为楠，此以见《召南》等之梅，与《秦》《陈》之梅，判然二物。《召南》之梅，今之酸果也。《秦》《陈》之梅，今之楠树也。楠树见于《尔雅》者也。酸果之梅，不见于《尔雅》者也。”郭璞注云：“枏大木，叶似桑，今作楠。”

杻：《唐风·山有枢》一诗有“山有栲，隰有杻”之句，其中的“杻”失传久矣，后人注释分歧很大。据《植物名实图考长编》卷22《杻》篇：“陆玑《毛诗草木鸟兽虫鱼疏》记载：‘杻，檍也。叶似杏而尖，白色，皮正赤，为木多曲少直，枝叶茂好。二月中，叶疏华如楝，而细蕊正白盖树。今官园种之，正名曰万岁，既取名于亿万，其叶又好故种之。共汲山下，人和谓之牛筋，或谓之檍，材可为弓弩干也。’”又卷22《冬青》篇：“《三体唐诗注》：宋徽宗试画院诸生，以万年枝上大平雀为题，无中程者，或密扣中贵曰：万年枝，冬青树也。按万年枝是杻木，然自宋以来，承讹为冬青久矣。”《本草纲目》卷36《冬青》篇：“‘释名’冻青‘藏器曰’冬月青翠，故名冬青。江东人呼为冻青……‘时珍曰’：‘冻青亦女贞别种也，山中时有之。但以叶微团而子赤者为冻青，叶长而子黑者为女贞。’”

按《救荒本草》云：“冻青树高丈许，树似枸骨子树而极茂盛。……五月开细白花，结子如豆大，红色。”按清朝以来曾有学者以女贞（《毛诗品物图考》）、糠椴（《诗草本今释》）、檀（《植物学大辞典》）、小蜡树（《广州植物志》）等植物释“杻”，其特征不像古代记述的杻木，故存疑。今考证具柄冬青的特征与《本草纲目》的冬青特征相符，如“叶微团”“五月开细白花，结子如豆大，红色”等，故暂以冬青科的具柄冬青释“杻”。

甄别了几种同名异物

苕：苕在《小雅·苕之花》中为紫葳科的凌霄。《小雅·苕之华》有：“苕之华，芸其黄矣。”诗中言明花黄色，与凌霄花黄红色正合。据毛亨注诗：“苕，陵苕。”又陈奂《诗毛氏传疏》记载：“奂在杭州西湖葛林园中，见陵苕花，藤本蔓生，依古柏树，直至树颠。五六月中，花盛黄色。俗谓凌霄花。”《尔雅·释草》云：“苕，一名陵苕。”（郭璞注：“一名陵时，本草云。”）“黄华蔈，白华茇。”（郭璞注：“苕华色异，名亦不同。”）茇苕之开白花者，故诗中的“苕”应指紫葳科的凌霄花。

苕：苕在《陈风·防有鹊巢》为豆科的紫云英。该诗云：“防有鹊巢，邛有旨苕。”据《植物名实图考》卷4《翘摇》篇：“《诗》曰，‘邛有旨苕’，苕，一名苕饶，即翘摇之本音，苕而曰旨，则古人嗜之矣。《野菜谱》有板翘翘，亦当作翘翘。”“翘摇，《尔雅》，柱夫，摇车。注——蔓生，细叶紫华，可食，今俗呼翘摇车。”诗中的“苕”指豆科的紫云英，翘摇车、翘翘、苕饶等是今之紫云英的古代别名。

梅：如前训考，“梅”在《秦风·终南》中为樟科的楠木，而在《召南·摽有梅》：“摽有梅，其实七兮。”其中的“梅”

指蔷薇科的梅。训考如下。《植物名实图考长编》卷15《梅实》篇："《诗经》——摽有梅。陆玑《疏》——梅，杏类也。树及叶皆如杏而黑耳。曝干为腊，置羹臛齑中，可含以香口。"《广群芳谱》卷54《梅》篇："梅（说文作楳）一名（《广志》云：蜀名梅为）窦似杏。(《草木疏》云：梅，杏类也。实赤于杏而醋。)"

附录

诗经·植物对照表

篇目名	诗句	植物名
《周南·关雎》	参差荇菜，左右流之。	荇菜
《周南·葛覃》	葛之覃兮，施于中谷，维叶萋萋。	葛
《周南·卷耳》	采采卷耳，不盈顷筐。	苍耳
《周南·桃夭》	桃之夭夭，灼灼其华。	桃花
《周南·芣苢》	采采芣苢，薄言采之。	车前草
《周南·汉广》	翘翘错薪，言刈其楚。	牡荆
《召南·草虫》	陟彼南山，言采其蕨。	蕨
《召南·草虫》	陟彼南山，言采其薇。	野豌豆
《召南·采蘋》	于以采蘋？南涧之滨。	苹
《召南·摽有梅》	摽有梅，其实七兮！	梅花
《召南·野有死麕》	野有死麕，白茅包之。	白茅
《召南·野有死麕》	林有朴樕，野有死鹿。	柞栎（槲树）
《召南·何彼襛矣》	何彼襛矣，华如桃李！	李树
《召南·驺虞》	彼茁者葭，壹发五豝，吁嗟乎驺虞！	芦苇、荻
《秦风·蒹葭》	蒹葭苍苍，白露为霜。	飞蓬
《鄘风·柏舟》	汎彼柏舟，在彼中河。	柏树
《邶风·凯风》	凯风自南，吹彼棘心。 棘心夭夭，母氏劬劳。	酸枣
《邶风·匏有苦叶》	匏有苦叶，济有深涉。	葫芦
《邶风·谷风》	采葑采菲，无以下体？	萝卜、芜菁
《邶风·谷风》	谁谓荼苦？其甘如荠。	苦苣菜、荠

《邶风·简兮》	山有榛，隰有苓。 云谁之思？西方美人。	榛树、虎杖
《鄘风·墙有茨》	墙有茨，不可埽也。	蒺藜
《鄘风·桑中》	爰采唐矣？沬之乡矣。 云谁之思？美孟姜矣。	菟丝子
《鄘风·定之方中》	树之榛栗，椅桐梓漆，爰伐琴瑟。	山桐子、泡桐、梓树、漆树
《鄘风·定之方中》	降观于桑，卜云其吉，终然允臧。	桑树
《鄘风·载驰》	陟彼阿丘，言采其蝱。	假贝母
《卫风·竹竿》	籊籊竹竿，以钓于淇。	竹
《卫风·竹竿》	淇水滺滺，桧楫松舟。	松
《卫风·芄兰》	芄兰之支，童子佩觿。	萝藦
《卫风·伯兮》	焉得谖草？言树之背。	萱草
《卫风·木瓜》	投我以木瓜，报之以琼琚。	木瓜
《王风·扬之水》	扬之水，不流束蒲。	香蒲
《王风·中谷有蓷》	中谷有蓷，暵其干矣。	益母草
《王风·采葛》	彼采萧兮，一日不见，如三秋兮。	牛尾蒿
《王风·采葛》	彼采艾兮，一日不见，如三岁兮。	艾蒿
《王风·丘中有麻》	丘中有麻，彼留子嗟。	大麻
《魏风·伐檀》	坎坎伐檀兮，置之河之干兮， 河水清且涟猗。	青檀
《郑风·有女同车》	有女同车，颜如舜华。	木槿
《郑风·山有扶苏》	山有扶苏，隰有荷华。	荷花（莲花）
《郑风·山有扶苏》	山有乔松，隰有游龙。	红蓼
《郑风·东门之墠》	东门之墠，茹藘在阪。	茜草
《郑风·溱洧》	溱与洧，方涣涣兮。士与女，方秉蕑兮。	佩兰
《郑风·溱洧》	维士与女，伊其相谑，赠之以勺药。	芍药
《齐风·东方未明》	折柳樊圃，狂夫瞿瞿。	柳树

《齐风·甫田》	无田甫田，维莠骄骄。	狗尾草
《魏风·汾沮洳》	彼汾沮洳，言采其莫。	酸模
《魏风·汾沮洳》	彼汾一曲，言采其萎。	泽泻
《唐风·椒聊》	椒聊之实，蕃衍盈升。	花椒
《唐风·鸨羽》	肃肃鸨羽，集于苞栩。	麻栎
《唐风·葛生》	葛生蒙楚，蔹蔓于野。	乌蔹莓
《秦风·终南》	终南何有？有条有梅。	柚子
《秦风·终南》	颜如渥丹，其君也哉？	渥丹
《秦风·晨风》	山有苞棣，隰有树檖。	郁李
《陈风·东门之枌》	东门之枌，宛丘之栩。	榆树
《陈风·东门之枌》	视尔如荍，贻我握椒。	锦葵
《陈风·东门之池》	东门之池，可以沤纻。	苎麻
《陈风·防有鹊巢》	防有鹊巢，邛有旨苕。	紫云英
《陈风·防有鹊巢》	中唐有甓，邛有旨鹝。	绶草
《桧风·隰有苌楚》	隰有苌楚，猗傩其枝。	猕猴桃
《曹风·下泉》	洌彼下泉，浸彼苞稂。	狼尾草
《豳风·七月》	四月秀葽，五月鸣蜩。	远志
《豳风·七月》	六月食郁及薁，七月亨葵及菽。	野葡萄、冬葵、大豆
《豳风·七月》	八月剥枣，十月获稻。	大枣
《豳风·七月》	七月食瓜，八月断壶，九月叔苴。	甜瓜
《豳风·七月》	采荼薪樗，食我农夫。	臭椿树
《豳风·七月》	四之日其蚤，献羔祭韭。	韭菜
《豳风·东山》	果臝之实，亦施于宇。	栝楼
《小雅·鹿鸣》	呦呦鹿鸣，食野之苹。	香青

《小雅·鹿鸣》	呦呦鹿鸣，食野之蒿。	泛指蒿类植物
《小雅·鹿鸣》	呦呦鹿鸣，食野之芩。	芩草
《小雅·四牡》	翩翩者鵻，载飞载止，集于苞杞。	枸杞
《小雅·南山有臺》	南山有臺，北山有莱。	藜
《小雅·南山有臺》	南山有枸，北山有楰。	枳椇（拐枣）、女贞
《小雅·菁菁者莪》	菁菁者莪，在彼中阿。	莪蒿
《小雅·黄鸟》	黄鸟黄鸟，无集于穀，无啄我粟。	构树、粱、谷子
《小雅·大东》	有冽氿泉，无浸获薪。	白桦
《小雅·采芑》	薄言采芑，于彼新田，于此菑亩。	苦荬菜
《小雅·我行其野》	我行其野，言采其蓫。	羊蹄
《小雅·我行其野》	我行其野，言采其葍。	篱天剑
《小雅·采绿》	终朝采绿，不盈一匊。	荩草
《小雅·采绿》	终朝采蓝，不盈一襜。	蓼蓝
《小雅·苕之华》	苕之华，芸其黄矣。	凌霄花
《大雅·绵》	周原膴膴，堇荼如饴。	石龙芮
《大雅·皇矣》	修之平之，其灌其栵。	茅栗
《大雅·皇矣》	启之辟之，其柽其椐。 攘之剔之，其檿其柘。	柽柳、柘树
《大雅·卷阿》	凤皇鸣矣，于彼高冈。 梧桐生矣，于彼朝阳。	梧桐
《大雅·抑》	荏染柔木，言缗之丝。	紫苏（白苏）
《大雅·江汉》	釐尔圭瓒，秬鬯一卣。	姜黄
《周颂·小毖》	未堪家多难，予又集于蓼。	水蓼
《周颂·思文》	贻我来牟，帝命率育。	小麦、大麦
《周颂·丰年》	丰年多黍多稌，亦有高廪。	黍、稻
《鲁颂·泮水》	思乐泮水，薄采其茆。	莼菜